電気磁気 新装版

西巻正郎 著

森北出版

序　文

この教科書は，大学または高専等で電気・電子・通信などの電気関係工学を専攻しようとする一般学生の基礎となることを目標に書かれたものである．

電気磁気学は，大学・高専等では電気関係工学の基礎科目の一つとして課されるのが通例で，必修になっていることが多く，一般に電気関係工学の重要な基礎の一つであると同時に電気関係技術者の教養でもあると考えられてきた．ところが，電気磁気学はそれ自身が一つの学問体系をなす物理学の大きな部門であって，初学者の多くにとってはかなり高度な数学的手法や難解な考え方も相当に含まれている．そして，大学・高専等では，程度の違いはあっても，この体系をそのまま一律に教えているようである．

しかし，今日では，電気関係の工学を専攻する学生の数は極めて多くなって大衆化していると同時に，電気関係工学の専門分野もいちじるしく多くなっていて，電気磁気学を従来のような学問体系として学ぶことは一般学生にとってはかなり重い負担となっている．しかも，これら学生の大多数は，この重い負担となった数学的手法や考え方を，卒業後一生使うこともなく，また内容の不消化のために教養としても役立てていない．その上，高度な数学的手法や難解な考え方が，かえって基礎的な現象の物理的理解を妨げたり，拒否反応を起こさせたりする原因にもなっている．

この教科書では，内容を電気磁気現象の基本的なものに限り，数学的扱いはできるだけ少なくし，説明の仕方も従来のそれにこだわらずに，現象の本質が物理的に理解されやすいように心がけた．従来の電気磁気学の観点からはいろいろ異論もあろうし，もっと簡単にできるところもあろうが，電気関係工学の一般的基礎としては十分ではないかと考える．

読者の興味をそそるような書き方ができなかったのは残念であるが，これは著者の非才によることで，おゆるしいただきたい．なお，出版にあたって，森北出版の水垣偉三夫氏に大変お世話になった．深謝の意を表したい．

1986 年 8 月

著　者

新装版発行にあたって

1987 年に初版を発行して以来，35 年が経過しました．その間，本書は多くの大学，高等専門学校などで，教科書として採用していただきました．このたび，よりいっそうわかりやすい教科書となるように，レイアウトを一新して 2 色化するとともに，電気回路の記号などを古い形から現在使用されているものに修正いたしました．なお，初版発行後に再定義された SI 基本単位などについては，できるかぎり初版の説明と整合性を保つように新しいものに変更しました．

2022 年 6 月

出版部

目　次

はじめに

0.1 はじめに

電気磁気学の体系や，それに用いられる数学的手法をひと通り学ぶにふさわしい教科書は，これまでに多数出版されていて，勉学にこと欠くことはない．本書はこのような電気磁気学の物理学的体系を学ぼうとする人のためのものではなく，電気電子関係の**技術者**になろうとする人が共通の基礎としてもっていることが望ましい**電気磁気現象**についての最小限の専門的常識を養うためのものである．

電気電子関係の技術者になろうとする人は，学校で**電気電子工学**に関する諸科目をひと通り学ぶのが普通だが，今日では電気の応用はきわめて広範囲にわたり，それに対応する電気電子関係の専門工学分野も非常に多岐にわたり，また高度になっている．そこで，大学・高等専門学校などでは，分化した専門科目は選択にし，共通の基礎科目を必修にしているところが多いが，それにしても，現在，電気電子工学を学ぼうとする学生は，往年の学生に比べて非常に負担が大きく，大多数の学生にとって科目の内容を十分に消化することは事実上不可能に近い．そのもっとも基礎になる科目とされているものの一つに電気磁気学がある．

ところが，今日，大学・高等専門学校などで課される電気磁気学は，電気磁気学の物理学的体系全体をかなり程度の高い数学的手法を使って記述するもので，その内容には工学で普通に扱われる現象の本質以外に，実際に出会うことのないようないろいろな例題や，多くの学生にとっては一生使いそうもないような数学的手法や証明などが相当多く含まれていて，しかも，学生が悩まされるのはそのような現象の本質以外のことであることが多い．さらに重要なことは，数学的手法や難しい例題などに苦労するために，現象の物理的な理解がむしろ妨げられている傾向があることである．

そこで，本書では，電気電子関係の技術者として，どんな専門分野に進むにしても，最小限理解しておくことが望ましいと考えられる電気磁気現象の本質的なものだけに内容を限り，大多数の人が将来使いそうもないような数学的記述はできるだけ避け，現象の物理的な理解がしやすいように心がけた．ただし，内容の程度を低くしたつもりはない．難しい数学を使えば内容が高等であるとは筆者は考えない．正確な**物理的理解**こそが大切と考える．

0.2 科学，技術，工学

科学技術という言葉がしばしば使われるが，これは混乱を招くことが多い．**科学**は一言でいえば，ものごとを解明する学問，つまり真理を探求する学問である．これに対し，科学を人間の何かの目的に応用することが**技術**である．そして，科学を応用するときに必要な学問が**工学**である．したがって，工学には科学で得られた結果だけでなく，目的に応じた科学の内容の選択，組合せや，設計，製造，人間との関係などの問題が必要になる．また，技術者には，科学を人間のためにどのように利用すべきかという，社会的あるいは倫理的な問題もある．

0.3 電気の応用の広さ

電気の応用の範囲は今日では非常に広く，さらにますます広がる傾向にあるが，いま電気というものが突然使えなくなったとしたら，われわれの生活や世界の動きはどうなるだろう．まず，電話，ラジオ，テレビをはじめとするあらゆる通信や情報伝達の手段はすべて止まってしまう．人間や動物の足を使う以外の交通運輸の手段もすべてなくなる．診療や手術などの医療もほとんどできなくなる．夜の照明は江戸の昔同様，灯油やロウソクに頼らなければならない．水道もガスも止まる．工場は動かない．それらの結果，いろいろな業務も娯楽もできなくなる．どのようなことが起こるか想像もできない．それほど電気は広く使われ，われわれの生活や社会は電気の応用に深く依存しているわけで，それだけ電気の応用は重要であるが，同時にまた危険性もはらんでいるといえよう．

0.4 電気はどう使われているか，なぜ使われるか

電気の応用は，**エネルギー的応用**と**情報的応用**とに大別できる．

① エネルギー的応用：多量の**エネルギー**を，わずか数本の電線を通して，数千 km の遠方まで瞬時に送ることができる．**電磁波**の形にすれば，線がなくてもかなりのエネルギーが伝送できる．

電気のエネルギーはたやすく**機械的動力**に変えられ，列車や工場の機械，家電製品などを動かすことができ，また逆に，機械的動力によって容易に**発電**ができる．電気はたやすく**熱**に変えることができ，非常な高温も得られる．また，電子レンジのように，外から熱を加えなくても物を内部から熱することもできる．今日の**照明**のエネルギーはすべて電気である．また逆に，**太陽光エネルギー**を直接に**電気エネルギー**に変えて**電源**にすることもできる．

電気のエネルギーはほかからの情報によって，容易に，高速に，精密に**制御**す

ることができ，また電気を使うと，ほかの物理量を，直接には届きにくいところからでもたやすく瞬時に制御できる．

また，少量ならば，電気エネルギーを一時的にほかのエネルギーに変えて蓄えておき，必要に応じて電気エネルギーとして取り出すことができる．

電気のエネルギー的応用で，とくに共通していえることは，電車を走らせたり，熱や光を出したりするときに，燃料や空気や酸素のような物質の消費をまったく必要とせず，また，排気ガスや廃水のような物質の排出もまったくなく，清潔で，静かで，公害が出ないことである．

② 情報的応用：郵便以外の今日の**通信**はすべて直接に電気を使うといってもよい．電気は多量の**情報**を，わずかなエネルギーで，非常に遠いところまで，あるいは直接には届きにくいところまで，光速またはそれに近い速度で伝えることができる．

光や音，その他の物理量に含まれる情報を，たやすく電気の信号に，また逆に，電気の信号を光や音，その他の物理量の情報に変えることができる．

電気は情報をきわめて高速に，精密に，また多様に制御できる．そのために，**計算機**，その他の**情報処理**や**人工知能**などの高級な作用ができる．

また，多量の情報をごく小さい場所に蓄え，または記憶させ，必要に応じて取り出すことができる．

上記のように，電気には，エネルギー的応用の場合にも，情報的応用の場合にも，**伝送**，**変換**，**制御**，**蓄積**のような作用があることがわかる．

0.5 電気電子工学

一般に，**電気工学**という言葉と**電子工学**という言葉がはっきりした概念なしに使われているので，ここで一応考えておこう．

昔は電気の技術に関する工学を電気工学と総称していた．この電気工学を，以前はさらに**強電流工学**（強電と略す）と**弱電流工学**（弱電と略す）という分野に分けていたことがある．強電は主としてエネルギーを扱う分野，弱電は主として通信・情報などを扱う分野と解釈されていた．その後，**真空管**や**放電管**，**ブラウン管**などの**電子管**，さらに**トランジスタ**や **IC**，**LSI** などの**半導体デバイス**が使われてくるにつれて，電気の技術は非常に発展してきた．これらの電子管や半導体デバイスは**電子デバイス**と総称される．これらの電子デバイスを使った新しい電気の技術を**電子技術**，その工学を電子工学というようになってきた．

電気技術が発展するにつれて，強電，弱電という用語は適当でないと考えられるようになってきた一方，電子工学という言葉が使われるようになってきてからは，強電の代わりに電気工学，弱電の代わりに電子工学が使われる傾向にある．以前は電子デバイスは主として通信・情報の分野で使われたから，上記の名称もそれなりに意味はあったともいえる．しかし，今日では，エネルギー的応用の分野でも電子デバイスは多く使われるので，通信・情報の分野だけに電子工学を用いるのも不適当になってきた．そこで，現在では電気応用の工学を総称するのに，電気電子工学という言葉が使われる傾向になっている．

また，大学・高等専門学校などで電気工学科，電子工学科などがあるのは，上記のような意味とは別に，次のような事情がある．国立の大学・高等専門学校では1学科の規模が大体定まっていて，社会の需要に応じて電気関係の学生数を大幅に増やしたいときは別の学科を増設しなければならない．そのとき，同じ名称ではいけないので，すでに電気工学科がある場合は新学科の名称として電子工学科や通信工学科を用いたのである．したがって，電気工学科と電子工学科とがあっても，実際のカリキュラムは共通のところが多い．また，欧米の大学では，電気・電子など学科を分けてあることはあまりない．わが国でも，私立の学校では電気工学科一つで全分野を含ませているところはいくらもある．

0.6 電気電子工学の基礎

電気電子工学のもっとも基礎になるものとして，一般に電気磁気学，**電気・電子回路理論**，**電気電子物性学**があげられる．

電気磁気学は電気に関係ある**古典物理学**の部門であって，物理学のもう一つの基礎分野である**古典力学**に対応するような内容をもっている．古典力学では，**質量**というものがあって，質量と質量との間にはたらく**万有引力**の関係と，質量に力がはたらいて運動するときの運動の力学とからなっているが，電気磁気学では，質量に対応する**電荷**というものがあって，電荷と電荷との間にはたらく**静電気力**の関係と，電荷が力を受けて運動するときに現れる**電磁気現象**を扱う．

これに対して，電気・電子回路理論は，それぞれ特有の電気的性質をもった電気機器や電子デバイスを組み合わせて電気回路を作ったときに，どのような電圧・電流の変化や配分を生じるかを論じる系統的な理論である．一般に，電子デバイスを含まない回路を**電気回路**，電子デバイスを含む回路を**電子回路**として区別している．

もう一つの基礎としての電気電子物性学は，電気の応用に使われるいろいろな材料の性質や振る舞いを解明するものである．いろいろな物質の見かけ上の電気的性質は電気磁気学でも扱われるが，その本質に立ち入った性質は，原子的距離に近接して集合した原子間の現象なので，古典力学と電気磁気学とでは扱いきれず，**量子力学**の助けを借りた電気電子物性学で扱われる．

上記の三つの基礎は，内容の選択についてすでに工学的な考えが入ってはいるが，科学に近い性質のものである．これらの基礎のうえに，それぞれ使う目的が限定され，しかしさらに詳しくなった基礎専門科目，そのうえにさらに分化した多くの専門工学の科目がある．

第1章 電気磁気現象と力

1.1 電気磁気現象と力

電気磁気現象については次章以下で順を追って学ぶが，その前に基本的な**物理量**の概念をはっきりもっている必要がある．

電気磁気現象を起こすもとになるものに**電荷**というものがある．この電荷は，万有引力や物体の運動を支配するもとになるものに**質量**というものがあるのに対応していると考えることができる．ただし，質量の場合は1種類しかなくて，二つの質量は常に互いに引きあうだけだが，電荷には2種類あって，異種のものは互いに引きあうが，同種のものは逆に互いに反発しあうところが違っている（図1.1）．電荷の間に作用する力は**静電気力**とよばれる．

また，同種の電荷が，たとえば図1.2のように，平行に，ある速度で動くと，互い

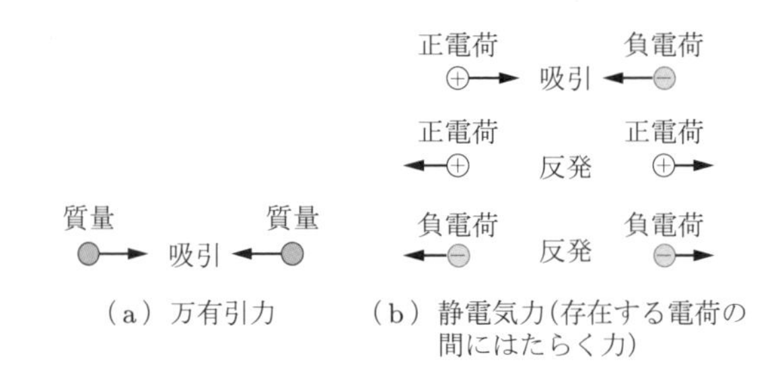

図1.1　万有引力と静電気力

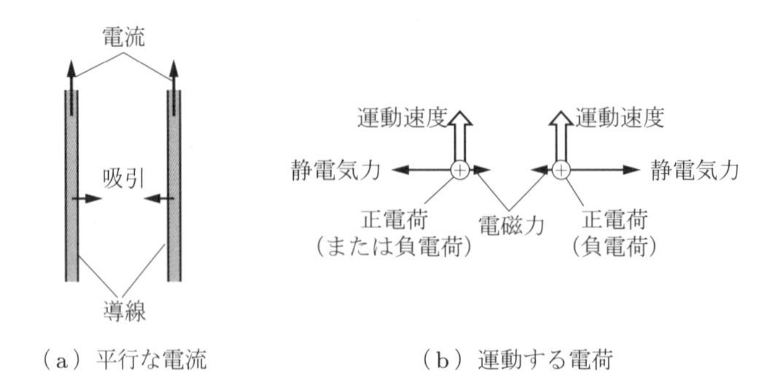

図1.2　電磁力（運動する電荷の間にはたらく力）

に反発する静電気力のほかに，互いに引きあう力が現れる．この力は電荷の動く速度が速いほど大きい．この力は**電磁力**とよばれる．

すべての電気磁気現象は，上記の静電気力と電磁力という 2 種類の力がもとになっていると考えることができる．

1.2　力とは何か

電気磁気現象のもとになっている静電気力と電磁力とがどんなものかを理解するには，まず**力**（ちから）とは何か，はっきりした概念をもつ必要がある．力については，多くの読者は力学ですでに一応学んだであろうが，大切な基本物理量の一つなので，ここでもう一度はっきりさせておこう．力といえば自明のようでもあるが，力が何かということを表すことは必ずしも簡単ではない．

われわれが何か物体を手に載せたときに，手は物体によって下に押されるから，それを支えるためには手は物体を上に向かって押さなければならない（図 1.3(a)）．このとき，手には押すことによる手応えが感じられる．物体が重いほど，この手応えは強い．また，ある物体を動かそうとして手で物体を押すと（図 1.3(b)），手にはある手応えがある．これらの手応えの感じが力の結果であると考えることができる．

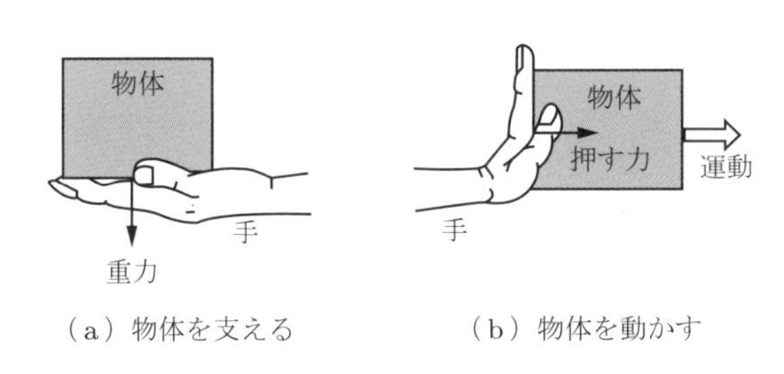

図 1.3　手による力

この考えを広げて，物体の重みを支えたり，物体を動かそうとするものが手でなくても（図 1.4），手の場合と同じ作用があるわけで，この作用が力である．

ところで，図 1.3 の場合に，力が作用しているのは手のほうだけだろうか．図 1.5

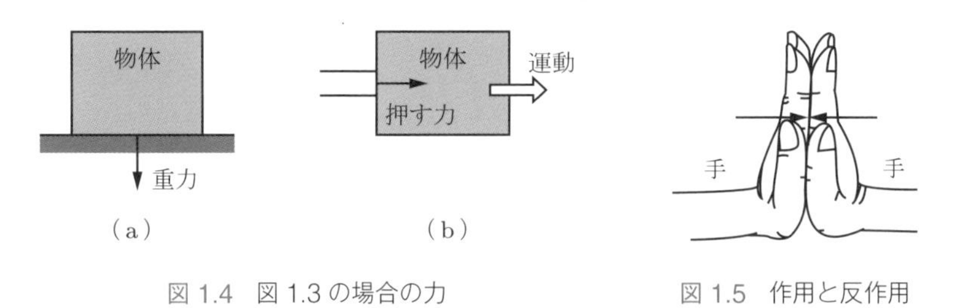

図 1.4　図 1.3 の場合の力

図 1.5　作用と反作用

のように手と手とを合わせて両方から互いに押すときには，両方の手に同じくらいの大きさ（強さ）の手応え，すなわち力を感じるが，両方の向きは反対である．もし，右手の力だけを強めようとすると，両手は左のほうに動いていき，しかも両手の手応えの大きさは大して変わらない．手が動かないようにするには，左手の力も強めなければならない．そのとき，両手の手応えが同じように強くなる．この考えを少し広げれば，手で物体を支えたり，押したりするときには，力は手だけでなく，物体にも力が手と反対の方向に**作用**していると考えなければならない．この対抗する力は**反作用**とよばれる．これを抽象的にいえば，ある場所に力がある方向に作用しているときは，常にそれと反対方向に等しい大きさの力（反作用）が作用しているということになる（**作用反作用の法則**）．

力は物体を通して物体に作用するとは限らない．物体の重さとして作用する万有引力は空間を通して直接に物体に作用する．静電気力や電磁力も，万有引力と同様に，空間をへだてて直接に電荷に作用する．

1.3 力の単位と基本物理量

力というものが，物体を押したり引いたりする作用で，“大きさ（強さ）”と“方向”とをもった物理量（**ベクトル量**）であることはわかったが，その大きさはどんな単位で表せばよいのか．

一つは重力で決める方法である．重力は万有引力であって，片方が地球，他方が重力の作用する物体の場合である．この力の大きさはそれぞれの物体の質量に比例し，両物体の重心間の距離の2乗に反比例するが（**万有引力の法則**），一方の地球の質量は一定，距離も一定だから，地上の物体に作用する重力の大きさは，その物体の質量に比例する．そこで，かつては1[kg]の質量の物体に作用する重力の大きさを力の単位として1[kgw]と定めていた（図1.6）．

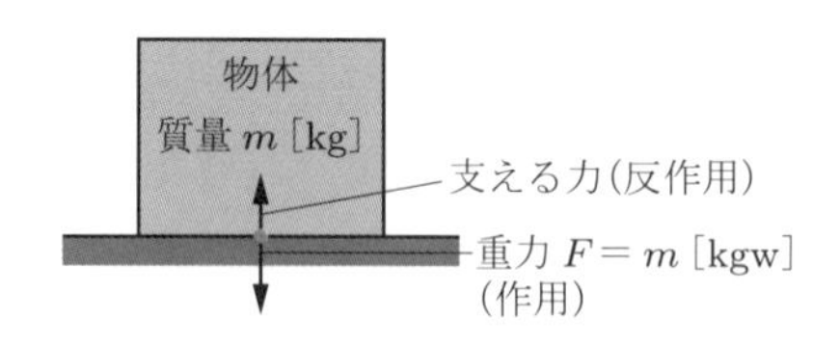

図1.6 重力による力の単位

ところが，実は地球は完全な球形ではないことと，密度が完全に球対称的に分布しているわけでもないために，地球上の場所によって重力の大きさはわずかではあるが異なる．また，地球が自転をしているために，両極から赤道に近づくに従って物体に作用する遠心力が増し，赤道上では，地球の中心に向かう重力とは反対方向に遠心力がはたらき，重力が見かけ上小さくなったように見える．物体が地面を離れて地球のまわりを周回するときは（人工衛星），重力と遠心力とが釣り合って，物体には見かけ上重力がはたらいていないように見える（無重力状態）ことはよく知られているとおりである．したがって，重力を力の単位とすることは，人間の重さの感覚から力の大きさを想像するには都合がよいが，絶対的な単位にはできない．

そこで，絶対的な力の単位を定めるのに，力が物体に加わったときの物体の運動を考える．空間に静止している物体に力を加えると，力の方向へ物体は動き，力を加えている間，物体の動く**速度**は次第に速くなる（図 1.7）．すなわち，速度の変化が起こる．一定の時間の間に速度の変化する割合を**加速度**という．つまり，物体に力を加えると加速度が生じる．これは実験による事実である．

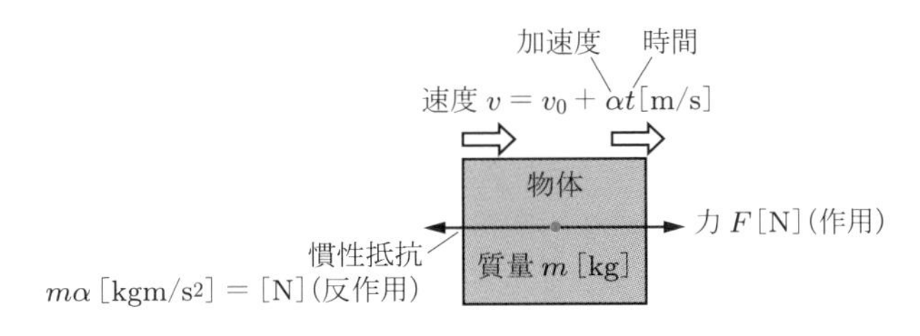

図 1.7　物体の加速による力の単位

速度とは，考えている点が，一定の時間に，ある方向へどれだけ移動する（位置を変える）かをいう．移動の距離の標準の単位としては，国際的には 1 [m] とすることになっている．1 [m] は，光が真空中を 1/299792458 [s] の間に進む距離と定められる．

一般には，速度は一定とは限らないで時々刻々変化することもある．そのときは，ある任意の時刻 t [s] の瞬間の速度 v [m/s] は次のように定義される．時刻 t を中心にきわめて短い時間 $\mathrm{d}t$ [s] の間（この間は速度は変わらないと見なされる）に距離 $\mathrm{d}x$ [m] だけ移動したとすれば，その速度 v の大きさは次のように定義される．

$$v = \frac{\mathrm{d}x}{\mathrm{d}t} \quad [\mathrm{m/s}] \tag{1.1}$$

その方向は移動 $\mathrm{d}x$ の方向である．速度は一般に時刻によって変化する．数学的にいえば，速度は位置の**時間微分**であって，一般に時刻と位置の**関数**である．

速度が変化する場合に，考えている点の，ある時刻 t での速度 v が，きわめて短い時間 $\mathrm{d}t$ [s] の間に $\mathrm{d}v$ [m/s] だけ変わったとすると，速度が単位時間に変化する割合 α は，

$$\alpha = \frac{\mathrm{d}v}{\mathrm{d}t} \quad [\mathrm{m/s^2}] \tag{1.2}$$

であって，これが加速度である．その方向は速度の変化 $\mathrm{d}v$ の方向であって，速度 v の方向と同じとは限らない．加速度 α と速度 v の方向が同じときは，考えている点の運動の方向は変わらないで直線運動をし，速度 v の大きさ（速さ）だけが変わるが，α が v の方向と異なるときは運動の方向が次第に変わり，曲線運動をする．もし，α が v と直角のときは，v の大きさは変わらないで，運動の方向だけが変わり，α の大きさが一定で，常に v に直角ならば，点は円運動をする．

さて，前に述べた，物体に力を加えたときに加速度が生じる関係を実験すると，加速度 α は加えた力 F に比例し，物体の質量 m に反比例する（**運動の第2法則**）．この関係は次のように表される．

$$\alpha \propto \frac{F}{m}$$

これを書き換えて，比例の定数を1とすれば次のように表される．

$$F = m\alpha = m\frac{\mathrm{d}v}{\mathrm{d}t} \quad [\mathrm{kgm/s^2}] = [\mathrm{N}] \tag{1.3}$$

質量 m を $1\,[\mathrm{kg}]$，加速度 $\alpha = \mathrm{d}v/\mathrm{d}t$ を $1\,[\mathrm{m/s^2}]$ とすれば，力 F は $1\,[\mathrm{kgm/s^2}]$ となる．これを力の単位として，$1\,[\mathrm{N}]$（**ニュートン**）とする．すなわち，質量 $1\,[\mathrm{kg}]$ の物体に作用して $1\,[\mathrm{m/s^2}]$ の加速度を生じるような力を $1\,[\mathrm{N}]$ という力の単位にするのである．

力の単位 $[\mathrm{kgw}]$ と $[\mathrm{N}]$ との間には，測定によれば次の関係がある．

$$1\,[\mathrm{kgw}] \fallingdotseq 9.8\,[\mathrm{N}] \tag{1.4}$$

この測定値を式 (1.3) の F の値に入れ，$m = 1\,[\mathrm{kg}]$ とすれば，

$$9.8\,[\mathrm{N}] = 1\,[\mathrm{kg}] \times \alpha\,[\mathrm{m/s^2}]$$

となるから，重力が物体に作用したときの加速度は，

$$\alpha = \frac{9.8\,[\mathrm{kgm/s^2}]}{1\,[\mathrm{kg}]} = 9.8\,[\mathrm{m/s^2}] = g\,[\mathrm{m/s^2}]$$

となる．これは**重力の加速度**とよばれる．したがって，質量 $m\,[\mathrm{kg}]$ の物体に作用する重力の大きさ F_{G} は次のようになる．

$$F_{\mathrm{G}} = mg = 9.8m\,[\mathrm{N}] \quad (= m\,[\mathrm{kgw}])$$

演習問題

1.1 質量 5 [kg] の物体の重力は何 [N] か？

1.2 質量 2 [mg] の物体の重力は何 [N] か？

1.3 52 [N] の力は何 [kgw] か？

1.4 3×10^{-2} [N] の力は何 [kgw] か？

1.5 鉄の玉を静止の状態から落下させたら，2 秒後に落下速度はいくらになるか？ ただし，重力の加速度は 9.8 [m/s^2] とする．

1.6 質量 2×10^{-9} [kg] の粒子に 5×10^3 [m/s^2] の加速度を与えるには，いくらの力を加えなければならないか？

1.7 質量 50 [kg] の物体に作用して 2 [m/s^2] の加速度を生じるためには，何 [N] の力が必要か？

1.8 質量 1.67×10^{-27} [kg] の二つの粒子（陽子）が間隔 10^{-10} [m] をへだてて空間に存在するとき，その間にはたらく万有引力の大きさはいくらか？ ただし，万有引力の大きさ F は，二つの粒子の質量を m_1, m_2 [kg]，その間隔を r [m] とすれば，次のように表される．

$$F = G\frac{m_1 m_2}{r^2} \quad [\mathrm{N}]$$

ここで，万有引力定数 $G = 6.67 \times 10^{-11}$ [Nm^2/kg^2].

1.9 物体が地球の重力を受けて真空中を落下するとき，その加速度はなぜ物体の質量に無関係なのか？

静電気現象と電荷

2.1 帯電現象と電荷

質量は物体の重さや慣性によって直接にわれわれにも感じることができるが，それに対比される電荷のほうは直接感覚的にはわからない．われわれのまわりには電気を使う機械・器具がたくさんあるが，それらのなかで電荷がどのようなはたらきをしているのか，見ることはできない．自然の状態では，電気の作用が直接見えるような現象はきわめて少ないが，ないわけでもない．一つは雷，もう一つは，冬に化学繊維のセーターなどを脱ぐときにパチパチと火花が出たり，ビニールの膜などが器具や手などに吸いついたりする**帯電現象**がある．これらは**静電気現象**とよばれている．

雷のほうは現象が複雑で簡単には説明できないが，あとの帯電現象のほうは昔からいろいろ実験が行われて，次のようなことがわかっている．たとえば，ガラスを絹布で摩擦すると（図 2.1），ガラスと絹布とは互いに吸引しあうようになる．この作用をもっとはっきりさせるために，図 2.2 のように，金属メッキをした軽い小球を絹糸で吊り下げたものを二つ作る．このままならば，二つの小球を互いに近づけても何も変わりはない．両小球の間には両者の質量による万有引力がはたらいているはずだが，あまりに小さいので観測はできない．

図 2.1　ガラスと絹布との摩擦による帯電

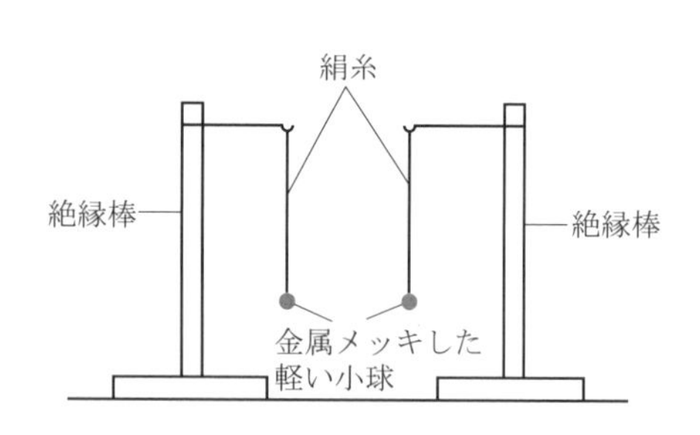

図 2.2　静電気力の実験

ところが，一方の小球を絹布で摩擦したガラスに，他方の小球を絹布にそれぞれ接触させたのち，両小球を互いに接近させると，両者は互いに**吸引**しあって図 2.3(a) のようになる．これは，ガラスと絹布とを摩擦したことによって，それぞれに特別な吸引作用をするものが発生し，それが小球に移されたことによって，小球が互いに吸引

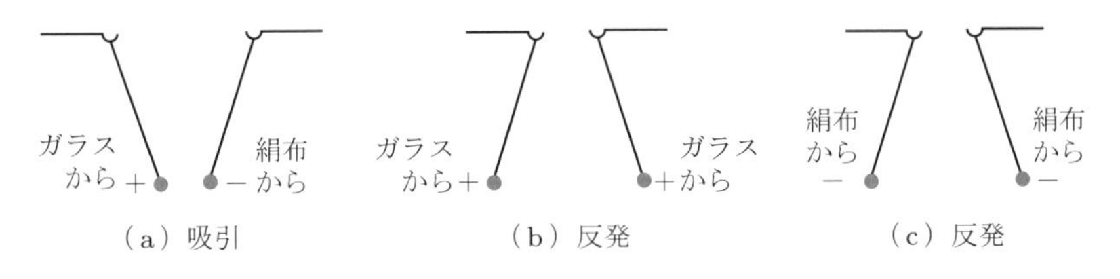

図 2.3 2種の電荷の作用

しあう力を生じたと考えられる．この作用をするものを**電荷**と名づけたのである．両球が互いに接触したり，あるいは小球を別々に手で触ると，この吸引の性質はなくなる．これは，両小球にあった電荷が両者の接触で失われたり，手の接触で逃げてしまうためと考えられる．

ところで，両小球ともにガラス，または絹布に接触したあとでは，両小球を互いに接近させると，どちらの場合にも図 2.3(b), (c) のように互いに**反発**する．このときは，どちらの場合も両小球に生じた電荷はそれぞれ同種のものであることは明らかである．ガラスに生じた電荷と絹布に生じた電荷は異種ということになるので，ガラスに生じた電荷を**正**（+），絹布の電荷を**負**（−）とよぶことになっている．

このような実験が，いろいろな物質の組合せについて行われた．たとえば，次のような実験がある．絹布でガラスの代わりに樹脂を摩擦しても同様な現象が起こるが，絹布で摩擦したガラスの電荷と，同じく絹布で摩擦した樹脂の電荷をそれぞれ移した二つの小球を互いに近づけると，同種の電荷ならば互いに反発するはずなのが，かえって強く引きあう．また，ガラスを摩擦した絹布の電荷と，樹脂を摩擦した絹布の電荷とは互いに吸引し，異種の電荷であることを示す．この実験から，ガラスと絹布とを摩擦したときは，ガラスには正（+），絹布には負（−）の電荷が生じるが，絹布と樹脂とを摩擦したときは絹布に正（+），樹脂には負（−）の電荷が発生したことになる（図 2.4）．つまり，互いに摩擦したときに生じる電荷の種類は物質によって決まっているわけではなく，相手との組合せで決まる．

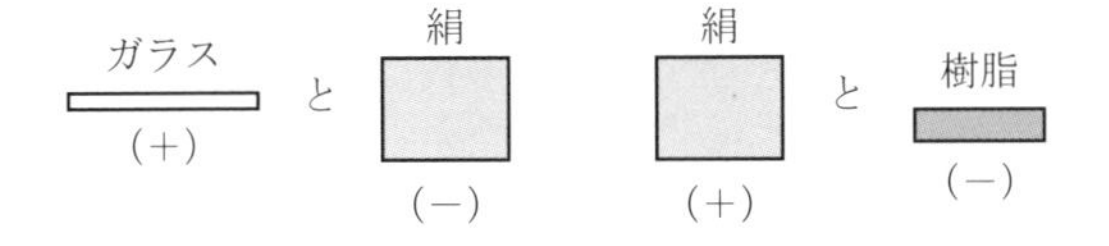

図 2.4 物質の組合せと電荷

多くのこのような実験から，電荷には 2 種あって，同種の電荷は互いに反発し，異種の電荷は互いに吸引するという結論が出たのである．

2.2 電荷の正体

異なる物質を互いに摩擦するとなぜ電荷が生じるのか．電荷の正体はどのようなものか．それが現在の程度にわかるまでには，多くの人々の研究と長い時間とがかかっている．それを説明するのは簡単ではない．しかし，電荷について知られていることは，おおよそ次のようなものである．

すべての物質は，いろいろな種類の**元素**の**原子**の集合からなっている．原子は一つの種類の最小単位の構造物であって，その元素特有の構造をもっている．しかし，それらの構成要素はすべて共通で，**陽子**と**中性子**と**電子**の3種類の粒子である．各原子は，一つの**原子核**とよばれるかたまりのまわりに，いくつかの電子が，太陽のまわりの惑星のように回っている構造をもっている．原子核は，いくつかの陽子と中性子とが密着したかたまりで，陽子と中性子の数は元素の種類によって決まっていて，容易なことでは壊れない．現在までに発見されて名前の付いている元素は100種以上あって，それぞれ**元素記号**と**原子番号**とが付けられている．たとえば，原子番号1番は水素（H），29番は銅（Cu），92番はウラン（U）である．

原子核のまわりを回っている電子の数は，その元素の原子番号の数と同じである．また，原子核中の陽子の数はその原子の電子の数，すなわち原子番号の数と同じである．陽子と電子は電荷をもっている．2.1節で述べた電荷の種類の名称の決め方に従って，陽子の電荷は正（+），電子の電荷は負（−）とされている．また，すべての陽子および電子の電荷の大きさは等しく，自然界にはそれより小さい電荷は存在しない．それより大きい電荷の大きさは，すべてその整数倍である．すなわち，陽子，電子の電荷の大きさは自然界に存在する電荷の最小単位である．中性子は電荷をもたない．

原子核のまわりの電子は，それぞれ一定のエネルギーで原子核のまわりを軌道運動をしていて，そのために，**負の電荷**をもつ電子が**正の電荷**をもつ原子核に吸引されても核に落ち込まない．また，原子核中の陽子は互いに反発するはずであるのに密着しているのは，電荷をもたない中性子が仲介をしていると考えられ，2個以上の陽子をもつ原子核には必ず中性子がある．水素の原子核は陽子1個からなるので，中性子はない．

電子も陽子も中性子もそれぞれ質量をもつが，電子の質量は陽子の質量の約1/1840で，きわめて軽く，中性子の質量は陽子の質量に等しい．したがって，物体の質量の大部分は，それを構成している原子の原子核の質量の総和である．図2.5は水素と炭素の原子の簡単なモデルである．

上述のように，電荷の正体は，それを発生した物質の種類に関係なく，正電荷は陽

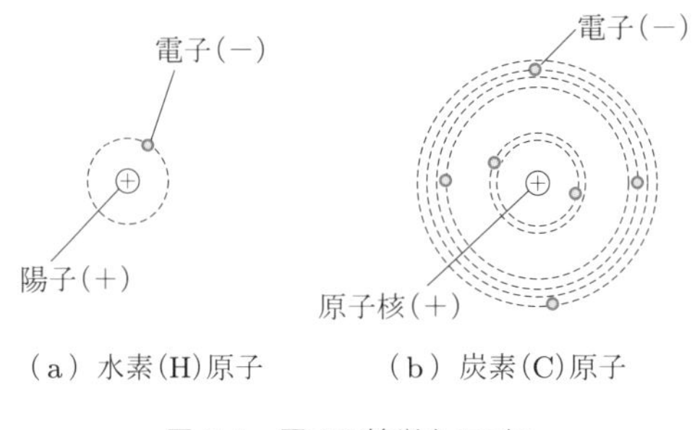

図 2.5 原子の簡単なモデル

子，負電荷は電子である．

2.3 帯電現象の機構

摩擦による帯電現象については，正確に説明することは難しいが，おおよそは次のように考えられる．

いろいろな元素の原子は，普通の状態では，原子核の陽子の数とまわりの電子の数とは等しいから，正負等量の電荷をもっている．そこに，外から正または負の電荷を近づけても，原子核の正電荷に作用する力と周囲の電子の負電荷に作用する力とは吸引と反発で方向が反対だから，両作用が打ち消しあって，全体としては作用を受けない．したがって，普通の状態の原子は電荷をもっていないように見える（**中性原子**）．

ところが，原子の最外側の電子は原子核との結合力が比較的弱いので，外から光や電子などを衝突させたり，ほかの原子をきわめて接近させたりすると，その所属していた原子の拘束から離れて自由になったり，ほかの物質に付着したりすることができる．最外側電子と原子との結合力は元素によって異なる．そこで，異なる物質を互いに摩擦したり，強く押しつけたり，たたいたりすると，両物質の原子のいくつかは互いにきわめて接近し，結合力の弱いほうの最外側電子が相手の物質に付着し，電子を失ったほうの各原子には電子 1 個分の負電荷が不足し，それと同量の正電荷が残るから，その物質は正に帯電し，電子が付着したほうの物質では余分の電子の電荷だけ負に帯電することになる．

原子を離れて動けるのは最外側の 1，2 個の電子であって，正電荷をもつ陽子は原子核中に残されるから，原子核が陽子 1 個だけからなる水素原子の場合以外は，陽子だけを取り出すことはできない．外側電子を 1 個または 2 個失って，それだけ正の電荷をもつ原子は**陽**（または正または +）**イオン**とよばれる（図 2.6）．

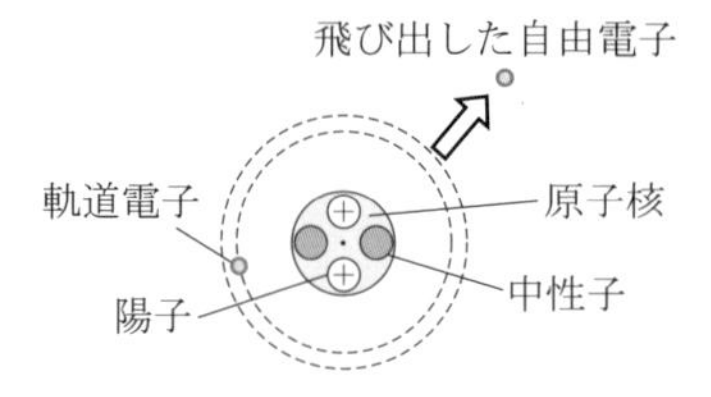

図 2.6　電離（イオン化）したヘリウム原子のモデル

静電気力

3.1　電荷に作用する力

第 2 章で述べたように，2 種類の電荷というものがあって，同種の電荷をもつ二つの物体の間には互いに反発力が，異種の電荷をもつ 2 物体の間には互いに吸引力が作用することがわかった．また，絹糸で吊り下げられた小球による実験から，二つの小球の間に作用する力の大きさ（強さ）は，両球のもつ電荷の量が大きい（多い）ほど大きく，両小球が互いに接近するほど大きいこともわかってきた．電荷間に作用するこのような力は**静電気力**とよばれる．

上の実験で，電荷を与える物体を小さい球としたが，この“小さい”という意味は，互いに相手の小球の電荷を見たときに，それが 1 点に集まっていると見なされるような大きさということである．このような電荷のかたまりを点状電荷あるいは**点電荷**とよんでいる．ただし，電荷を幾何学的な 1 点に集めることは，電荷どうしの反発力のために実際にはできない．

さて，二つの点状電荷の間にはたらく力の大きさが，電荷の大きさ（量）と両電荷間の距離によってどのように変わるかを測定するいろいろな実験の結果，**二つの点状電荷の間にはたらく静電気力の大きさは，それぞれの電荷の量に比例し，両電荷間の距離の 2 乗に反比例する**（図 3.1, 3.2）ことがわかった．

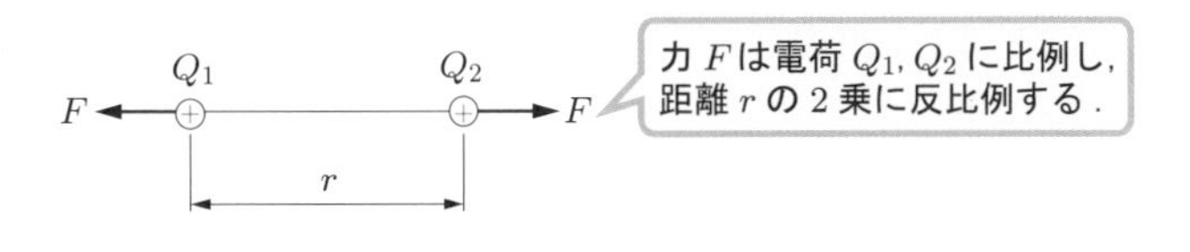

図 3.1　二つの点状電荷の間にはたらく力

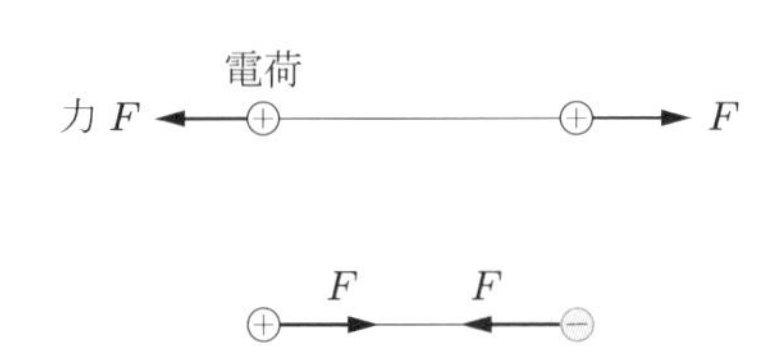

図 3.2　静電気力の方向

単位を任意として，両電荷の量をそれぞれ Q_1, Q_2，電荷間の距離を r，力の大きさ（強さ）を F として，上の関係を数式で表せば次のようになる．

$$F \propto \frac{Q_1 Q_2}{r^2} \tag{3.1}$$

この関係は**クーロンの法則**とよばれ，**静電気現象**のもっとも基本になる法則である．この関係はまた，電荷 Q_1, Q_2 の代わりに質量 m_1, m_2 とすれば万有引力の法則そのものになることを読者は気付くだろう．

3.2 電荷量の単位

3.1 節では電荷量 Q_1, Q_2 の単位はまだ決めていなかったが，電荷の単位には [C]（**クーロン**）を用いる．

クーロンの法則を表す式 (3.1) で，両電荷量を等しく $Q_1 = Q_2 = Q$ とし，距離 $r = 1\,[\mathrm{m}]$ としたときに，真空中で両電荷の間にはたらく力の大きさが次のようになったとする．このときの電荷 Q の大きさが 1 [C] に相当する．

$$F = c_0^2 \times 10^{-7} \quad [\mathrm{N}]$$

ここで，c_0：真空中の光速 $= 2.99792 \times 10^8\,[\mathrm{m/s}]$

これは，式 (3.1) の比例の定数を $c_0^2 \times 10^{-7}\,[\mathrm{Nm^2/C^2}]$ として，

$$F = c_0^2 \times 10^{-7} \frac{Q_1 Q_2}{r^2} \quad [\mathrm{N}] \tag{3.2}$$

とすることである．ただし，電気磁気学全体の単位系構成の便宜上，この比例定数を次のような形においている．

$$c_0^2 \times 10^{-7} = \frac{1}{4\pi\varepsilon_0} \tag{3.3}$$

ここで，$\varepsilon_0 = 10^7/(4\pi c_0^2) \fallingdotseq 8.854 \times 10^{-12} \quad [\mathrm{C^2/(Nm^2)}] = [\mathrm{F/m}]$

ε_0 は**真空の誘電率**とよばれている．これを用いれば，式 (3.2) は次のように表される．

$$F = \frac{1}{4\pi\varepsilon_0} \frac{Q_1 Q_2}{r^2} \quad [\mathrm{N}] \quad \left(\frac{1}{4\pi\varepsilon_0} \fallingdotseq 9 \times 10^9 \right) \tag{3.4}$$

すなわち，電荷量 Q_1, Q_2 を [C] 単位で，距離 r を [m] 単位で与えたとき，両電荷に作用する吸引力（異種電荷のとき）または反発力（同種電荷のとき）の大きさ F は式 (3.4) で与えられ，その単位は [N] である．式 (3.4) は，単位の関係を含めて，クーロンの法則を表すものといえる．

3.3　多数の電荷による静電気力

二つの点状電荷に作用する静電気力の大きさは，それぞれの電荷量と両者間の距離がわかれば，式 (3.4) の関係で求められるが，それは反発力（同種電荷の場合）か吸引力（異種電荷の場合）だから（図 3.2），その方向は両電荷を結ぶ直線の方向で，反発力の場合は互いに外向き，吸引力の場合は互いに内向きになる．片方の力を．作用とすれば，他方は反作用であって，両者は大きさは等しいが向きは反対である．

点状電荷が，たとえば図 3.3 のように 3 個の場合に，各電荷に作用する静電気力はどのようになるだろうか．実験によれば，図 3.3 の電荷 Q_1 に作用する力は，電荷 Q_1, Q_2 だけがあるときに Q_1 に作用する力 F_{12} と，Q_1, Q_3 だけがあるときに Q_1 に作用する力 F_{13} とを，力学の力の合成（力の平行四辺形の方法）によって合成した力 F_1 に等しいことがわかっている（図 3.3）．すなわち，合成力 F_1 は，Q_1 以外の各電荷が Q_1 に及ぼす力 F_{12}, F_{13} とのベクトル和に等しい．電荷 Q_2 または Q_3 に作用する力 F_2, F_3 の大きさと方向も，同様にして求められる（図 3.3）．

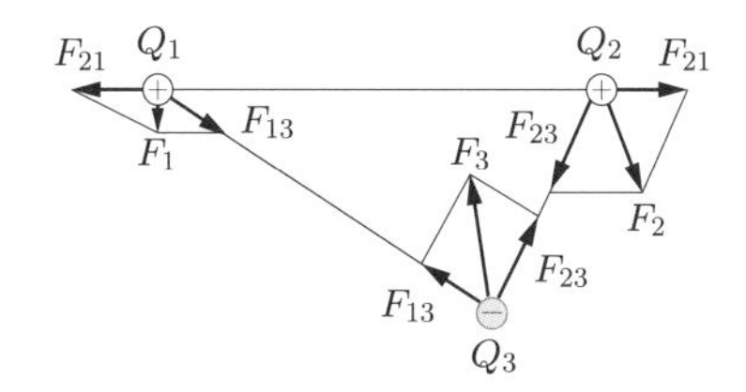

図 3.3　電荷が 3 個の場合に各電荷にはたらく力の例

Q_1 以外の電荷が $Q_2, Q_3, Q_4, \cdots$ と三つ以上ある場合にも，Q_1 に作用する力は，同様に，電荷 $Q_2, Q_3, Q_4, \cdots$ がそれぞれ単独にあるときに Q_1 に作用する力の**ベクトル合成**になる（図 3.4）．

また，Q_1 以外の電荷が点状でなく，連続して分布していると見なされるときは（図 3.5），連続した電荷を微小部分に分けて考え，各微小部分をそれぞれ点状電荷と見な

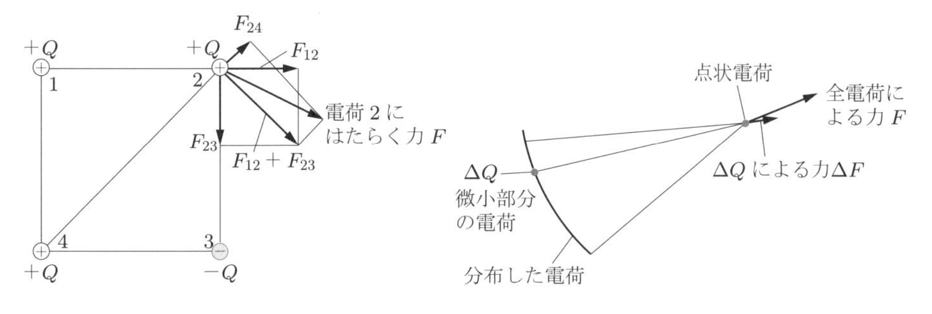

図 3.4　電荷が 4 個の場合の例

図 3.5　分布した電荷による静電気力

したときに，それらによって問題の点状電荷 Q_1 に作用する力を，連続的に電荷が分布している全域についてベクトル的に足しあわせればよい．これを数学的に計算すると，一般に積分の形になる．

3.4 素電荷と陽子・電子の質量

2.2 節で述べたように，電荷の正体は原子の構成要素である陽子と電子である．陽子の電荷は正（+），電子の電荷は負（−）であるが，その電荷の大きさ（量）はすべて等しく，自然界にはそれより小さい量の電荷はなく，また，それより大きい量の電荷はすべてその整数倍であることが，いろいろな実験から知られている．つまり，陽子や電子の電荷量は自然界の電荷の最小単位であって，**素電荷**とよばれる．

素電荷は次のように定められている．

$$e = 1.60218 \times 10^{-19} \quad [\mathrm{C}]\ (\fallingdotseq 1.6 \times 10^{-19} \quad [\mathrm{C}]) \tag{3.5}$$

また，陽子や電子は電荷のほかに，それぞれ質量ももっている．電子や陽子の運動を考えるときには，それらの質量または電荷と質量との比が必要になる．それらの測定値をあげると，次のようになっている．

$$\text{電子の質量：} m_e = 9.10938 \times 10^{-31} \quad [\mathrm{kg}] \tag{3.6}$$

$$\text{陽子の質量：} m_p = 1.67262 \times 10^{-27} \quad [\mathrm{kg}] \tag{3.7}$$

$$\text{電子の比電荷：} \frac{e}{m_e} = 1.75882 \times 10^{11} \quad [\mathrm{C/kg}] \tag{3.8}$$

演習問題

3.1 2個の陽子（電荷 $e = 1.60 \times 10^{-19}$ [C]，質量 $m_p = 1.67 \times 10^{-27}$ [kg] が距離 10^{-10} [m] をへだててあるときに，両陽子の間にはたらく静電気力は何 [N] になるか？

3.2 【演習問題 1.8】は，2個の陽子が【演習問題 3.1】の場合と等しい距離をへだててあるときの両陽子間にはたらく万有引力の大きさを求めたものである．それと，【演習問題 3.1】の静電気力の大きさとを，両者の比をとって比べなさい．両者間には結局吸引力がはたらくのか反発力がはたらくのか？

3.3 等しい量の電荷を与えた小球を別々に絹糸で吊るし，両者を近づけたら，距離 2 [cm] 離れて 4×10^{-5} [N] の反発力がはたらいた．各球のもっている電荷量は電子何個分に相当するか？

3.4 図 3.6 のような三つの点状電荷 Q_1, Q_2, Q_3 が一直線上にあって，$Q_1 = 5 \times 10^{-16}$ [C]，$Q_2 = -2 \times 10^{-16}$ [C]，$Q_3 = 1 \times 10^{-16}$ [C]．Q_1，Q_2 間の距離は $a = 2 \times 10^{-6}$ [m]，Q_2, Q_3 間の距離は $b = 4 \times 10^{-6}$ [m] である．電荷 Q_3 には，どの方向へいくらの力が

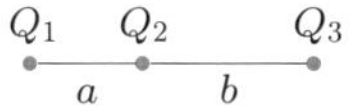

図 3.6

はたらくか？

3.5 【演習問題 3.4】で，Q_2 の大きさを変えることによって，Q_3 に力がはたらかないようにすることができるか？ できるとすれば，Q_2 の値をいくらにすればよいか？

3.6 図 3.7 のように，正電荷 Q [C] および $2Q$ [C] をもった二つの点状電荷がある．この 2 電荷を結ぶ直線上にほかの正または負の点状電荷をおいたときに，これに力がはたらかないような位置があるか？ あるとすれば，それはどこか？

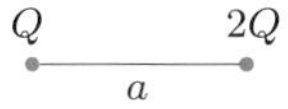

図 3.7

3.7 図 3.8 のように，三つの点状電荷 Q_1，Q_2，Q_3 が直角三角形の頂点にあり，Q_3 が直角の頂点にある．Q_1，Q_3 間および Q_2，Q_3 間の距離はどちらも a [m] とする．$Q_1 = Q_2 = Q_3 = Q$ [C] のとき，Q_3 にはどの方向へいくらの力がはたらくか？

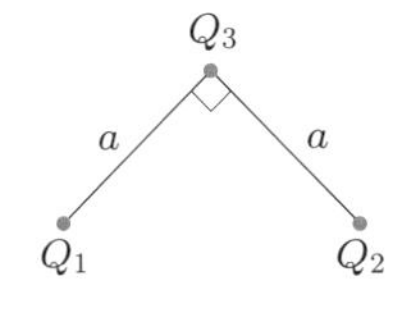

図 3.8

3.8 【演習問題 3.7】で，$Q_1 = Q_3 = Q$ [C], $Q_2 = -Q$ [C] ならば，Q_3 にはたらく力はどうなるか？

第4章 電界

4.1 静電気力と電界の考え

質量のある二つの物体が万有引力によって吸引しあうとき，何もない空間をへだてて直接に力がはたらくと考えないで，質量が存在するときは，そのまわりの空間が特別な性質を帯びる，あるいは空間に一種のひずみができると考える．その特別な性質というのは，そこに別の質量をもってくると，それに力がはたらくというものである．この性質をもっている空間を**重力の場**という．たとえば，地球のような大きな質量のまわりには強い重力の場ができていて，地上に質量のある物体があれば，重力の場によって地球に向かって重力を受けると考えるのである（図 4.1）．

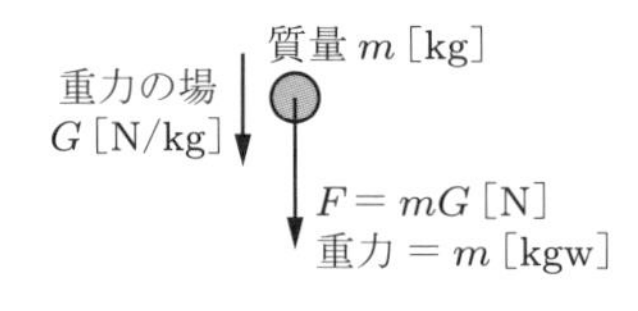

図 4.1　重力の場と重力

電荷に作用する静電気力の場合も，同じように考えることができる．すなわち，電荷のまわりの空間には，そこにほかの電荷をもってくるとそれに力が作用するという特別な性質ができると考えるのである．このような性質を帯びた空間には，**電界**（理学系では電場（でんば）という）があるという．すなわち，電界は質量の場合の重力の場に相当する．したがって，電荷をもった物体のまわりの空間には，電界と重力場の両方ができるわけである．

4.2 電界の強さ

二つの点状電荷があるとき，その一つに作用する静電気力の大きさは相手の電荷量に比例するから，少量の電荷のまわりにできる電界は弱く，多量の電荷のまわりには強い電界ができると考えられる．

この電界の強さは次のように定義されている．すなわち，その電界のなかの 1 点に

(図 4.2) 点状の単位正電荷 (1 [C]) をおいたときに，これに作用する力の大きさを [N] 単位で表した数値をもって，その点での電界の強さとし，その力の方向を電界の方向と決める．ただし，単位は [N/C] になるが，それを [V/m] と表している．このとき，実は条件がある．それは，単位電荷をその点にもってきたときに，もともとそこに電界を生じるもとになっていた電荷の配置に変化がないことである．

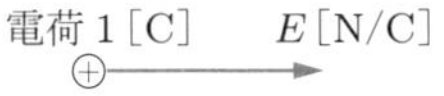

電荷 1 [C]　E [N/C]

図 4.2　1 [C] の電荷にはたらく力（電界の強さ）

ところが，1 [C] の電荷というのは実はきわめて多量の電荷であって，実際には点状にすることも，ほかの電荷の配置に影響を与えないことも不可能な量である．そこで，次のように考えればよい．すなわち，電界中の問題の点にもってくる電荷は，そこに電界が生じているもとの電荷の配置に影響を与えないような微小量の正電荷 ΔQ [C] とし (図 4.3)，それに作用する静電気力が ΔF [N] ならば，その点の**電界の強さ** E は次のように定義される．

$$E = \frac{\Delta F}{\Delta Q} \quad [\mathrm{N/C}] = [\mathrm{V/m}] \tag{4.1}$$

これは，1 [C] の電荷に作用する力に等しい．そして，力 ΔF の方向を電界 E の方向とする．したがって，電界は重力の場と同じく，大きさと方向とをもったベクトル量であって，大きさ (強さ) に比例した長さの矢印で表し，矢の方向を電界の方向に一致させる (図 4.3)．

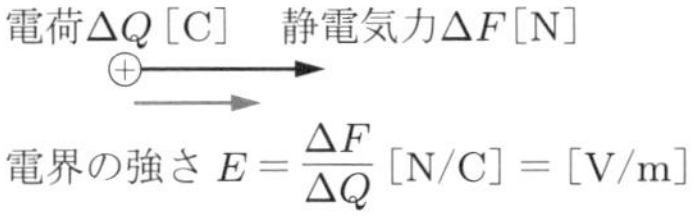

電荷ΔQ [C]　静電気力ΔF [N]

電界の強さ $E = \dfrac{\Delta F}{\Delta Q}$ [N/C] = [V/m]

図 4.3　微小電荷による電界の強さの定義

4.3　電界と静電気力

強さが E [V/m] の電界がある空間の 1 点に 1 [C] の点状正電荷をおいたときに，それに作用する静電気力は電界の定義によって E [N] でその方向は電界の方向である．したがって，電界の強さ E [V/m] の点に電荷量 Q [C] の点状電荷をおけば，それに作用する静電気力 F は明らかに次のようになる (図 4.4)．

$$F = EQ \quad [\mathrm{N}] \tag{4.2}$$

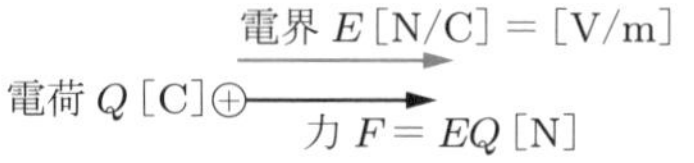

電界 E [N/C] = [V/m]
電荷 Q [C] ⊕ → 力 $F = EQ$ [N]

図 4.4 電界と静電気力

4.4 点状電荷のまわりに生じる電界

二つの点状電荷が空間にあるときに，それぞれの電荷に作用する静電気力については第 3 章で学んだ．図 4.5 のように，距離 r_1 [m] をへだてて電荷量がそれぞれ Q_1, Q_2 [C] の点状電荷があるときに，電荷 Q_2 に作用する静電気力 F_1 の大きさは式 (3.4) で表される．すなわち，

$$F_1 = \frac{1}{4\pi\varepsilon_0}\frac{Q_1Q_2}{r_1^2} \quad [\mathrm{N}]$$

で，仮に Q_1, Q_2 ともに正電荷ならば，その方向は Q_1, Q_2 を通る直線上で Q_1 から遠ざかる方向になる．

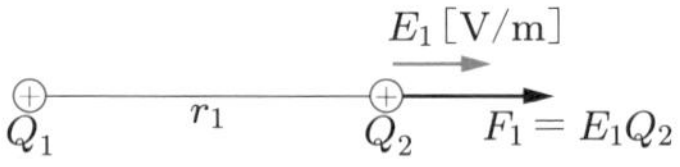

E_1 [V/m]
⊕ Q_1 — r_1 — ⊕ Q_2 → $F_1 = E_1Q_2$

図 4.5 点状電荷によってできる電界

この電荷 Q_2 に作用する力を，まず電荷 Q_1 によってそのまわりに電界が生じ，Q_2 の位置での電界の強さが E_1 [V/m]（=[N/C]）であるとし，ここに電荷 Q_2 [C] をおいたときにこれに静電気力が作用すると考え，その力を F_1' とすれば，F_1' は式 (4.2) のようになるから，次式が成り立つ．

$$F_1' = E_1Q_2 \quad [\mathrm{N}]$$

上記の F_1 と F_1' とはもともと同じものだから，$F_1' = F_1$ より次のようになる．

$$E_1Q_2 = \frac{1}{4\pi\varepsilon_0}\frac{Q_1Q_2}{r_1^2}$$

したがって，電荷 Q_1 によって Q_2 の位置に生じた電界の強さ E_1 は

$$E_1 = \frac{1}{4\pi\varepsilon_0}\frac{Q_1}{r_1^2} \quad [\mathrm{N/C}] = [\mathrm{V/m}]$$

となる．電荷 Q_2 によってほかの場所に生じる電界についても，同様に考えることができる．

これから，一般に，電荷量 Q [C] の点状電荷から距離 r [m] 離れた点の電界の強さ

E は次のようになる．

$$E = \frac{Q}{4\pi\varepsilon_0 r^2} \quad [\mathrm{V/m}] \left(\fallingdotseq \frac{9 \times 10^9 Q}{r^2} \; [\mathrm{V/m}] \right) \tag{4.3}$$

その方向は，電荷 Q が正ならば Q から遠ざかる方向，負ならば近づく方向になる．したがって，電荷 Q を中心とする半径 r の球面上の電界の強さはすべて式 (4.3) の値で等しく，その方向はすべて球面に直角に**放射状**になる（図 4.6）．

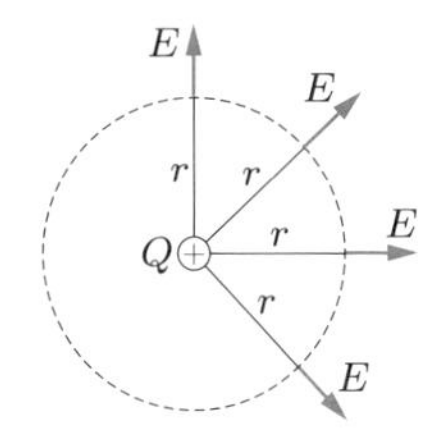

図 4.6　点状電荷のまわりの電界

4.5　多数の電荷によって生じる電界

電界は単位量の電荷に作用する力として定義されたから，多数の点状電荷によって空間のある 1 点に生じる電界は，3.3 節で述べた多数の点状電荷によって一つの電荷が受ける静電気力を求める方法と同じ方法で求められる．

図 4.7 のように，電荷量が Q_1, Q_2 [C] の点状電荷が二つあったときに，各電荷が一つだけあるときに空間の 1 点 P に生じる電界の強さ E_1, E_2 は，次のようになる．

$$E_1 = \frac{Q_1}{4\pi\varepsilon_0 r_1^2} \quad [\mathrm{V/m}], \quad E_2 = \frac{Q_2}{4\pi\varepsilon_0 r_2^2} \quad [\mathrm{V/m}]$$

ここで，r_1, r_2 は Q_1, Q_2 と点 P との間の距離．

これらの値を図のように力の平行四辺形の方法で合成すれば，**合成電界** E として，その強さと方向とが求められる．

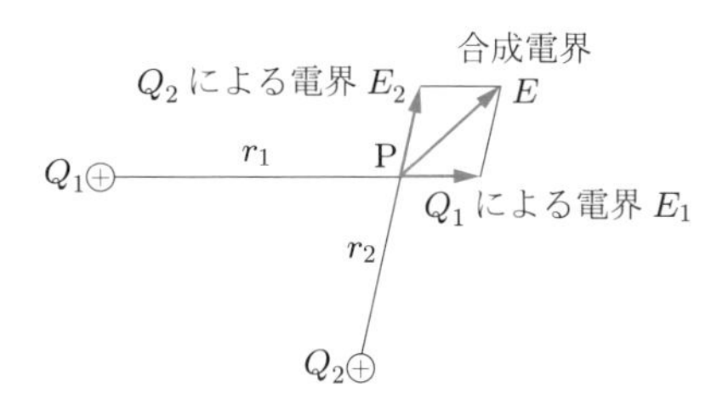

図 4.7　2 個の点状電荷による電界

図 4.8 は正電荷 $Q_1(+)$, $Q_2(+)$, 負電荷 $Q_3(-)$ の三つの点状電荷によって 1 点 P に生じる電界を求める場合を示す．まず Q_1, Q_2 それぞれによる電界 E_1, E_2 を求め，それらから平行四辺形の合成によって合成電界 E_{12} を求め，次に，E_{12} と，Q_3 による電界 E_3 との合成電界 E を求めれば，E が三つの電荷による電界になる．

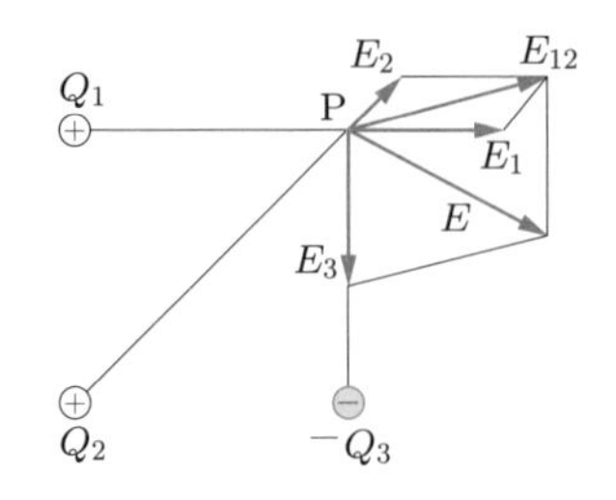

図 4.8　三つの電荷による電界の例

ある範囲に連続して分布していると見なされる電荷による電界も，原理的には，3.3 節の力を求める場合と同様に，分布している電荷を微小部分に分け，各微小部分の電荷によって問題の点に生じる電界を，分布している全電荷についてベクトル的に足しあわせれば（積分の形）得られる．しかし，実際には別の方法を用いることが多い（省略）．

演習問題

4.1 1.6×10^{-19} [C] の正電荷をもった粒子を強さ 2×10^4 [V/m] の電界中においたら，いくらの静電気力がはたらくか？

4.2 2×10^{-7} [C] の正電荷をもった粒子に 4×10^{-5} [N] の力を与えるには，その場所の電界の強さはいくらでなければならないか？

4.3 1 個の陽子（電荷 $e = 1.60 \times 10^{-19}$ [C]）から 1×10^{-9} [m] 離れた場所での電界の強さはいくらか？

4.4 電荷を帯びた小物体から 1 [cm] 離れた点での電界の強さを 10^4 [V/m] とする．小物体のもつ電荷量は電子何個分に相当するか？

4.5 図 4.9 のように，二つの点状電荷 Q_1, Q_2 が距離 a 離れている．$Q_1 = 5 \times 10^{-16}$, $Q_2 = -2 \times 10^{-16}$ [C], $a = 2 \times 10^{-6}$ [m] のとき，Q_1, Q_2 を結ぶ直線の延長上に Q_2 から $b = 4 \times 10^{-6}$ [m] の点の電界はどの方向を向き，その強さはいくらになるか？

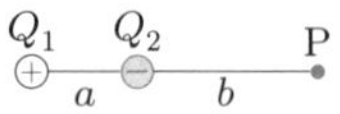

Q_1　Q_2　P
a　b

図 4.9

4.6 図 4.10 のように，電荷 Q, $2Q$ [C] をもつ二つの点状電荷が距離 a [m] 離れてある．この二つの電荷を結ぶ直線上に電界の強さが 0 になる点があるか？ あるとすれば，その

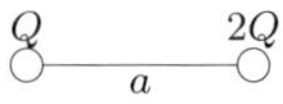

図 4.10

位置はどこか？

4.7 図 4.11 のように，直角二等辺三角形の底辺の両端に等しい点状正電荷 Q [C] があるときに，頂点 P の電界の強さと方向はどのようになるか？

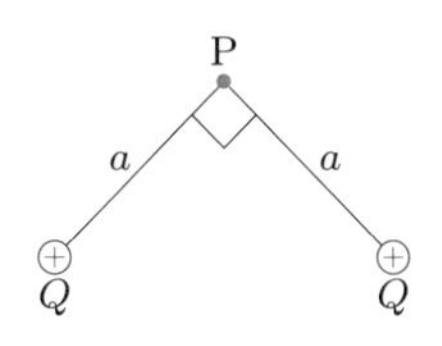

図 4.11

4.8 【演習問題 4.7】で，片方（たとえば右）の電荷が等しい大きさの負の電荷ならば，点 P の電界の強さと方向はどのようになるか？

4.9 陽子に 3×10^7 [m/s^2] の加速度を与えるには，どれだけの強さの電界を加えなければならないか？ ただし，陽子の電荷 $e = 1.60 \times 10^{-19}$ [C]，質量 $m_p = 1.67 \times 10^{-27}$ [kg] とする．

第5章 電気力線とガウスの定理

5.1 電界と電気力線

電界が空間内でどの方向にどれぐらいの強さで分布しているかを見やすいようにするのに，**電気力線**というものが使われる．これは次のような約束に従って表すことになっている．電気力線は電界に沿った一つの線で（図 5.1），その線上の任意の点での接線の方向が常にその点での電界の方向に一致するように描いたり，考えたりする．

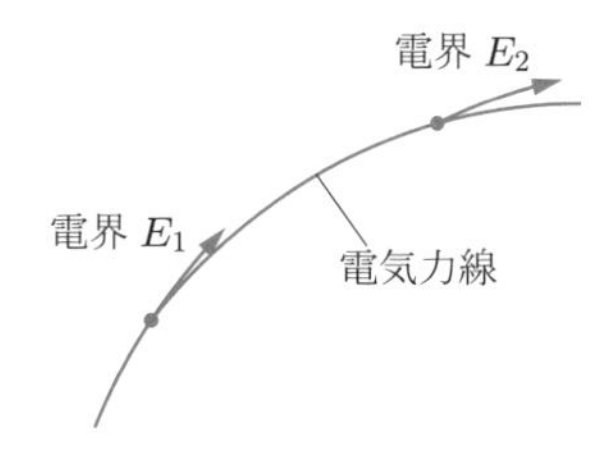

図 5.1　1本の電気力線

電気力線は，電界のあるところでは，あらゆるところに考えられるわけだが，上の原理で描くと，電界の強いところでは自然に電気力線が密に，電界の弱いところでは疎になる（5.3 節参照）．そこで，電気力線の密度，すなわち，電気力線の束に直角な微小面積 $\Delta S\,[\mathrm{m}^2]$（図 5.2）を通り抜ける電気力線の数を ΔN [本] としたとき，$\Delta N/\Delta S$ [本/m^2] の値がその場所の電界の強さ $E\,[\mathrm{V/m}]$ の数値に等しいように描き，次のように考える．

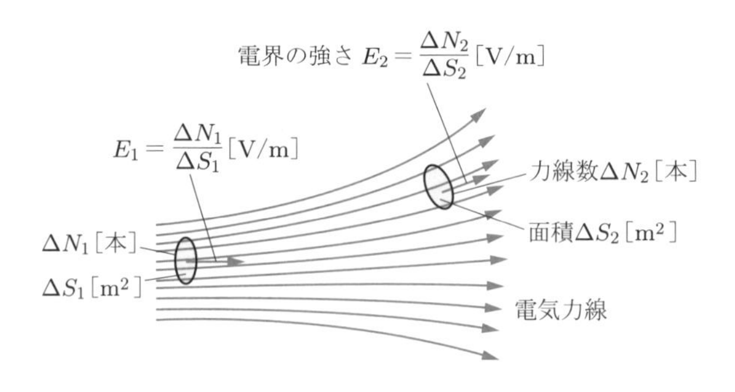

図 5.2　電気力線の密度と電界の強さ

$$\frac{\Delta N}{\Delta S} = E \quad [\text{本}/\text{m}^2] \tag{5.1}$$

たとえば，電界の強さ E が 10^4 [V/m] ならば，電気力線の密度を 10^4 [本/m^2] にする．これは 1 [cm^2] あたり 1 本ということになる．もし，電界が弱くて，この描き方ではあまりに電気力線が疎になり，電界の分布を表しにくいときは，密度を全体にたとえば 10^3 倍などにすればよい．

正電荷の近くでは電界は電荷から遠ざかる方向にでき，負電荷の近くでは電界は電荷に近づく方向にできるから，電気力線は正電荷からは出発し，負電荷には入ってくることになる（図 5.3）．電荷のないところから突然湧き出したり，電荷のないところで突然消えたりすることはありえない．

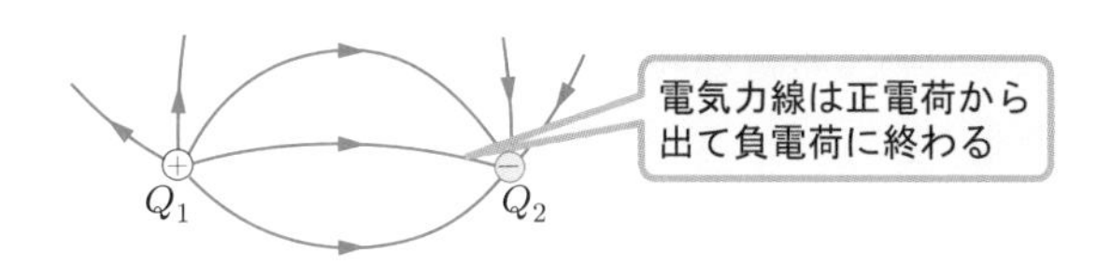

図 5.3　電荷と電気力線

空間内のある点での電界の強さと方向は，そこにおかれた単位正電荷に作用する力の大きさと方向とで定義されるものだから，ある点での電界の強さと方向は一つしかなく，二つ以上あることはない．したがって，電気力線は途中で枝分かれしたり，交差したりすることはありえない．

上記のことから，一つの電気力線は正電荷から出発して負電荷に終わる連続した 1 本の線になる．ただし，一方が無限に遠いと見なされる場合がある．

5.2　点状電荷から出る電気力線

空間に孤立した点状正電荷から出る電気力線の数を考える（図 5.4）．電荷量 Q [C] の電荷を中心とする半径 r_1 [m] の球面上の電界の強さ E_1 は，

$$E_1 = \frac{Q}{4\pi\varepsilon_0 r_1^2} \quad [\text{V/m}] \qquad (4.3)\ \text{再掲}$$

で，その方向は球面に直角に外側を向いている．電気力線の考え方の約束に従えば，球面での電気力線の密度は E_1 [本/m^2] である．球面の面積は $4\pi r_1^2$ [m^2] だから，全球面を通過して出ていく電気力線の総数 N は次のような値になる．

$$N = E_1 \times 4\pi r_1^2 = \frac{Q}{4\pi\varepsilon_0 r_1^2} \times 4\pi r_1^2 = \frac{Q}{\varepsilon_0} \quad [\text{本}]\ (\fallingdotseq 1.129 \times 10^{11} Q\ [\text{本}]) \tag{5.2}$$

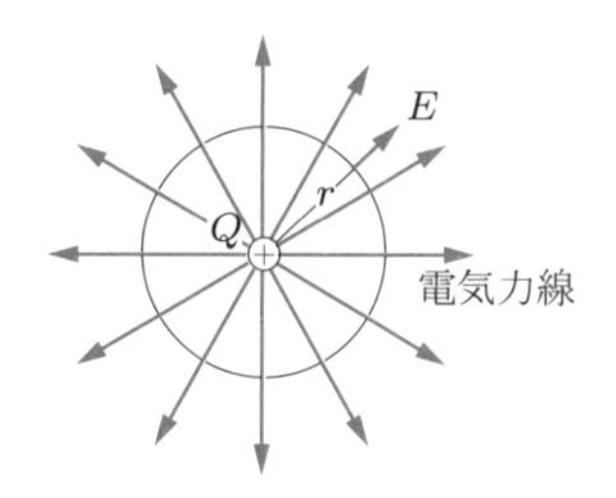

図 5.4 点状電荷から出る電気力線

この総数 N は，球面の半径 r_1 には無関係に電荷 Q の値だけで決まる．これは，電気力線が連続した 1 本の線であって，途中で枝分かれや交差をせず，湧き出したり消えたりしないことと一致する．すなわち，Q [C] の点状正電荷からは Q/ε_0 本の電気力線が出ていくことになる．電荷が負ならば，同じ数の電気力線が電荷に入ることになる．

上の場合に，点状電荷 Q を中心とする任意の半径 r [m] の球面の電気力線の密度を求めると，電気力線の総数が $N = Q/\varepsilon_0$ [本]，球面の面積が $4\pi r^2$ [m^2] だから，

$$\text{電気力線の密度}\quad \frac{\Delta N}{\Delta S} = \frac{N}{4\pi r^2} = \frac{Q}{4\pi r^2 \varepsilon_0} = E$$

となって，半径に無関係に電気力線の密度は常に電界の強さ E に等しい．これは電気力線がそれぞれ連続した 1 本の線であることから来ていて，電気力線の約束と一致する．

5.3 電気力線の例

図 5.5 に，いろいろな場合の電気力線のおおよその形を示す．

図 (a), (b) は空間に孤立した正，負の点状電荷のまわりの電界の様子を示す電気力線の形で，この場合，それぞれ相手の電荷は無限の遠方に一様に分布していると見なされる．

図 (c) は電荷量の等しい二つの正負の点状電荷がある場合で，正電荷を出発した電気力線はすべて負電荷に終わる．

図 (d) は負電荷の量が正電荷の量より少ない場合で，正電荷から出た電気力線のほうが負電荷に入った電気力線より多いので，残りは無限遠にいく．

図 (e) は等しい量の点状正電荷が二つある場合で，電気力線は交差しないから，図のようになる．

図 (f) は球面上に一様な密度で正電荷が分布している場合で，分布が対称だから，球面の外側では図 (a) の場合と同じになる．

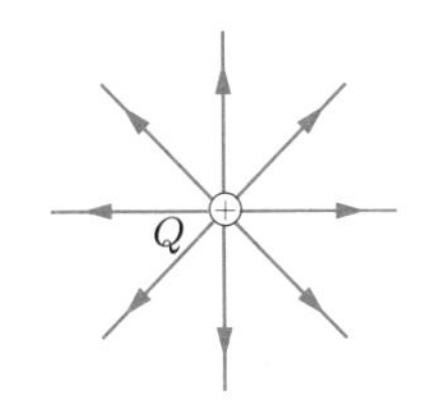

（a）弧立した点状正電荷

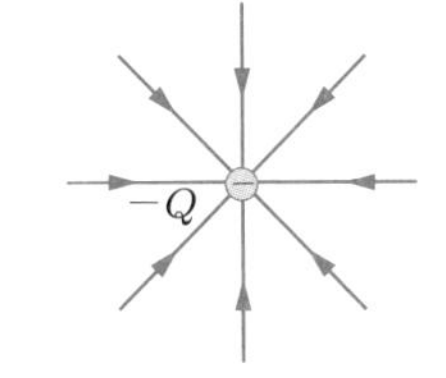

（b）弧立した点状負電荷

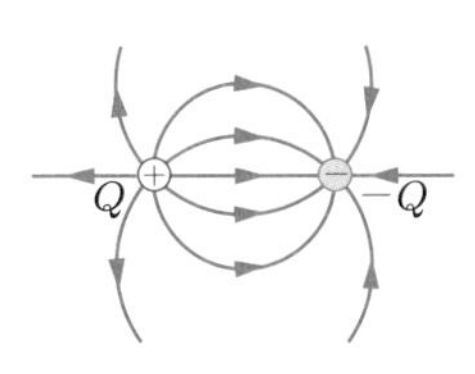

（c）正負の等しい点状電荷

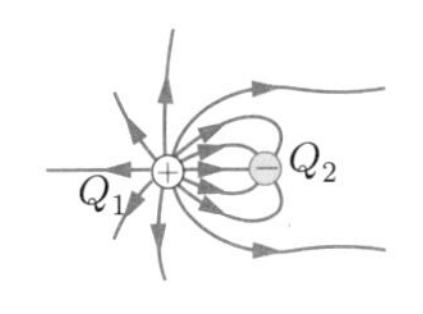

（d）片方が大きい正負の点状電荷

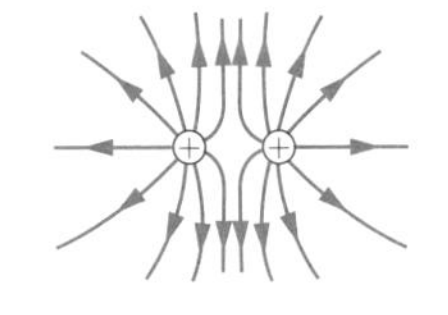

（e）等しい二つの点状電荷

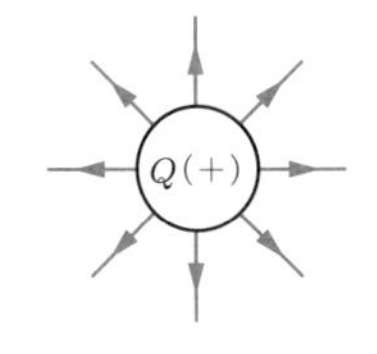

（f）球面上に一様に分布した正電荷

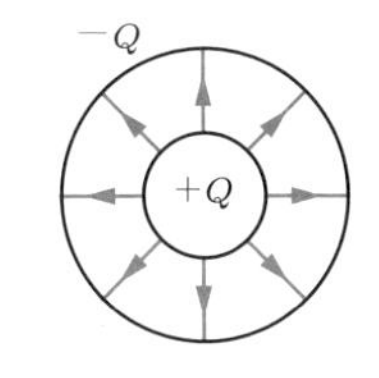

（g）同心球または同心円筒面上に一様に分布した正負の電荷

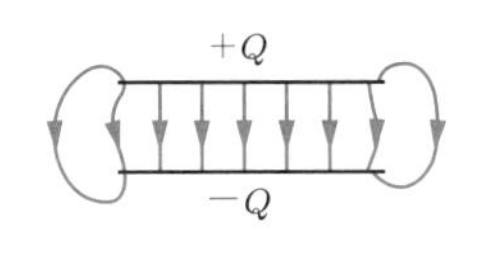

（h）正負の平面状電荷

図 5.5　いろいろな電気力線分布の例（大体を示すもので正確ではない）

図 (g) は二つの同心球または同心円筒面上に等量の電荷が一様な密度で分布している場合で，電気力線は放射状になる．

図 (h) は正負等量の電荷が互いに平行な平面上にそれぞれ一様な密度で分布をしている場合で，電気力線は端部以外では一様な密度で電荷面に直角になる．

5.4　ガウスの定理

5.3 節で述べたように，電荷量 Q [C] の点状正電荷から出ていく電気力線の総数 N は Q/ε_0 [本] である．また，各電気力線はそれぞれ 1 本の連続した線だから，この電荷を囲む**閉曲面**が球面に限らずどんな形でも，その面を通過して出ていく電気力線の総数 N は，内部にある電荷量だけで決まる Q/ε_0 [本] である（図 5.6）．

正負いろいろな点状電荷が閉曲面の内部に含まれる場合には（図 5.7），各点状電荷から出ていく（正電荷のとき）または電荷に入る（負電荷のとき）電気力線の数はそれぞれの電荷量によって決まっていることと，電気力線はすべてそれぞれ途中で枝分かれや交差をすることのない連続した線であり，また電荷のないところで湧き出した

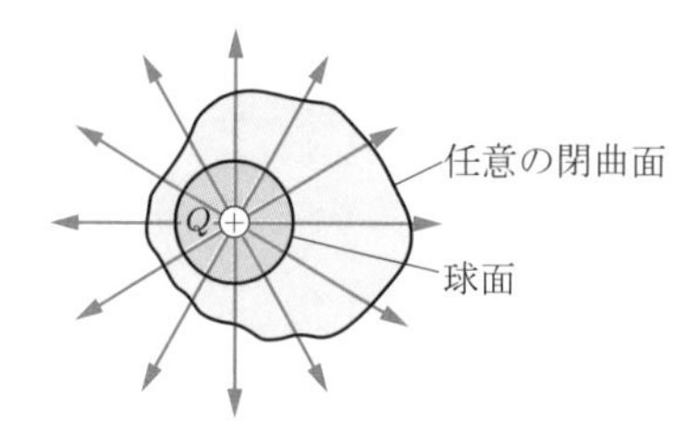

図 5.6　任意の閉曲面を通って出ていく電気力線数

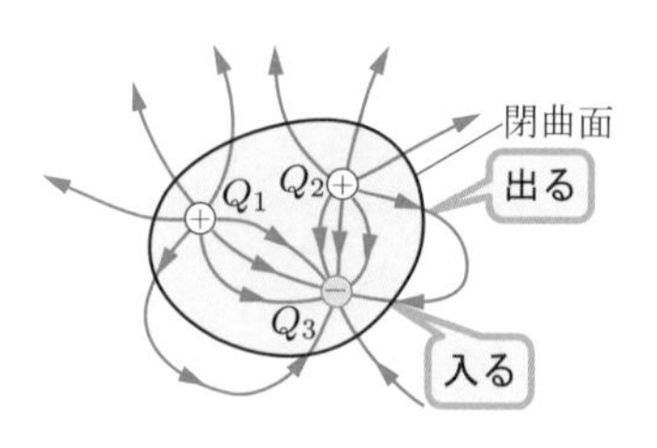

図 5.7　閉曲面の内側に多数の電荷がある場合

り消えたりはしないこととを考えれば，閉曲面を通過して出ていく電気力線の総数 N は，内部にある電荷の総代数和 $\sum Q$ [C] で決まり，次のようになる．

$$N = \frac{\sum Q}{\varepsilon_0} \quad [\text{本}] \tag{5.3}$$

この関係は**ガウスの定理**とよばれている．

内部に正負の両電荷があって，たとえば正電荷量が負電荷量よりも多いときは，正電荷から出た電気力線のうち，負電荷に入るものは閉曲面の内部で直接に負電荷に入るか，またはいったん閉曲面を通過して外部に出ても再び閉曲面を通過して内部に入って差し引き 0 になる．したがって，結局閉曲面を通過して外に出ていく正味の電気力線の数は，負電荷に入った残りの数になる．これについては，もう少し数学的に正確に証明もされているが，物理的には同じことなので，省略する．

内部の電荷が点状でなく，ある範囲に連続的に分布していると見なされる場合も，それを点状と考えられるような微小部分に分けて考えれば同じことである．そのときは，$\sum Q$ の代わりに積分 $\int \mathrm{d}Q$ [C] が用いられる．

ガウスの定理は，空間内の電界の分布の形が物理的に予想されるときに，電界の強さを求めるのに利用できる．

演習問題

5.1　半径 a [m] の球面上に総量 Q [C] の電荷が一様な密度で分布しているとき，その形の対称性から，電気力線はすべての方向に一様な密度で放射状に広がると考えられる．球の中心からの半径 r [m] の球面にガウスの定理を応用して，球の中心点から任意の半径 r [m] の球面上の電界の強さを表す式を求めなさい．

5.2　【演習問題 5.1】で，半径 r を 0 から次第に大きくしたときに電界の強さ E がどのように変わるか，r を横軸に E を縦軸にとって大体の様子をグラフに描きなさい．$r < a$, $r \geqq a$ の範囲に注意すること．

5.3　【演習問題 5.1, 5.2】で，$Q = 1$ [C] としたら，$r = a = 1$ [m] および $r = 3$ [m] では，電

界の強さ E はいくらになるか？

5.4 半径 a [m] の無限に長い円筒面上に，円筒軸方向の長さ 1 [m] あたりに総量 Q_0 [C/m] の電荷が一様な表面密度で分布しているとき，その形の対称性から，電気力線はすべて円筒軸に直角に軸に沿っては一様な密度で，また円筒軸を中心として各方向に一様な密度で放射状に広がっていると考えられる．円筒軸を軸とし，軸方向の長さ 1 [m]，半径 r [m] の直円筒面を閉曲面としてガウスの定理を応用して，中心軸から任意の半径 r の円筒面上の電界の強さを表す式を求めなさい．

5.5 【演習問題 5.4】で，半径 r を 0 から次第に大きくしたときに電界の強さ E がどのように変わるか，r を横軸に E を縦軸にとって大体の様子をグラフに描きなさい．$r < a$, $r \geqq a$ の範囲に注意すること．

5.6 【演習問題 5.4, 5.5】で，$Q_0 = 1$ [C/m] としたら，$r = a = 1$ [m] および $r = 3$ [m] では，電界の強さ E はいくらになるか？

電位差

6.1 電荷の受ける仕事

物体がある大きさの力，たとえば重力を加えられたまま，力の方向に，ある距離を動けば（図 6.1），物体は力から**仕事**（**エネルギー**）を受け取る．力の大きさが F [N] の一定値で，力の方向に動いた距離が x [m] ならば，それによって物体が受けた仕事（エネルギー）W は，

$$W = Fx \quad [\mathrm{Nm}] = [\mathrm{J}] \tag{6.1}$$

となる．すなわち，1 [J]（**ジュール**）とは，1 [N] の力を加えてその方向に 1 [m] だけ動かす仕事（エネルギー）である．エネルギーは仕事をする能力であって，仕事と同じ単位である．

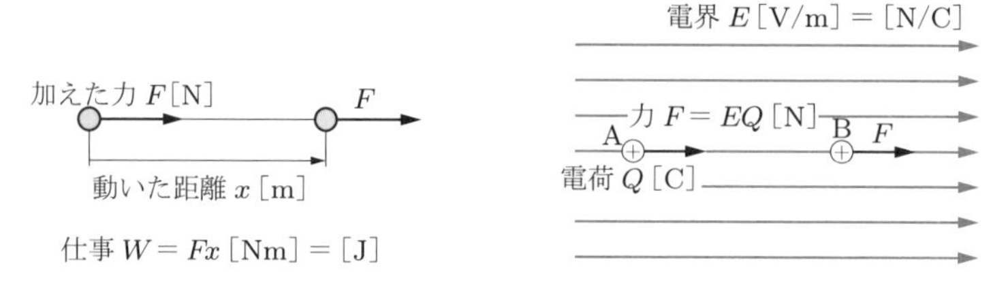

図 6.1　力と仕事（エネルギー）

図 6.2　一様な電界に沿った電荷の移動

同じように，電荷量 Q [C] の正電荷をもった物体（粒子）が強さ E [V/m] の電界中にあれば（図 6.2），電界の方向に $F = EQ$ [N] の力を受けるから（4.3 節），この力 F を受けて物体が電界の方向に x [m] の距離だけ動けば，物体は電界から，

$$W = Fx = EQx \quad [\mathrm{J}] \tag{6.2}$$

の仕事（エネルギー）をもらう（図 6.3）．

もらったエネルギーは，電荷をもった物体（荷電物体）がたとえば真空中にあれば，物体（粒子など）は加速され，もらったエネルギーだけ運動のエネルギーが増大する．また，荷電物体が金属体中の自由電子（7.3 節参照）ならば，負電荷だから電界とは反対方向に力を受けるが，電界によって加速されても金属原子に衝突しながら動くので，その都度エネルギーを金属原子に与えて**熱運動**を起こして温度を上げる．

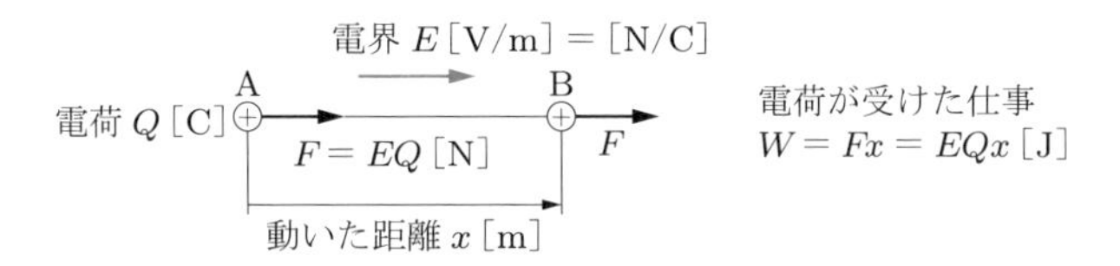

図 6.3　電荷の受ける仕事（エネルギー）

つまり，**熱エネルギー**に変わる．

6.2　電位差

図 6.2 で，正の電荷量 Q [C] をもつ粒子が電界によって力を受け，点 A から点 B まで電界の方向に距離 x [m] だけ動くと，電界から $W = EQx$ [J] の仕事（エネルギー）を受け取ることが，6.1 節からわかる．粒子が受け取ったエネルギーがどのような形に変わるにしても，これは電界があるために電荷が点 A でもっていた**位置のエネルギー**が点 B でもつ位置のエネルギーまで減って，その差が粒子の**運動のエネルギー**などに変わったと考えることができる．

これは，質量のある物体が重力を受けて，地上のある高さから下に落下するときに加速されて運動のエネルギーを得るが，高いところでは地球重力の場に対して物体のもつ位置のエネルギーが大きく，低いところではそれが小さいので，その差だけの位置のエネルギーが運動のエネルギーに変わると考えるのと同じである．

すなわち，電荷が点 A にあるときは，点 B にあるときよりも W [J] の仕事をするだけ潜在能力が高いと考える．これを，電荷が点 A でもつ位置のエネルギーが，点 B より W [J] だけ高いという．

そこで，上記の電荷を単位正電荷（+1 [C]）としたときの点 A から点 B まで動く間に受ける仕事を [J] 単位で表した数値を点 A, B 間の**電位差**と定義し，単位を [V]（**ボルト**）としている．その仕事が V [J] ならば，A, B 間には V [V] の電位差があるとする（図 6.4）．

ただし，前にも述べたように 1 [C] の電荷というのは非常に大きな量で，電界を生じているもとの電荷の配置を変えるおそれがあるから，そのおそれのないような微小

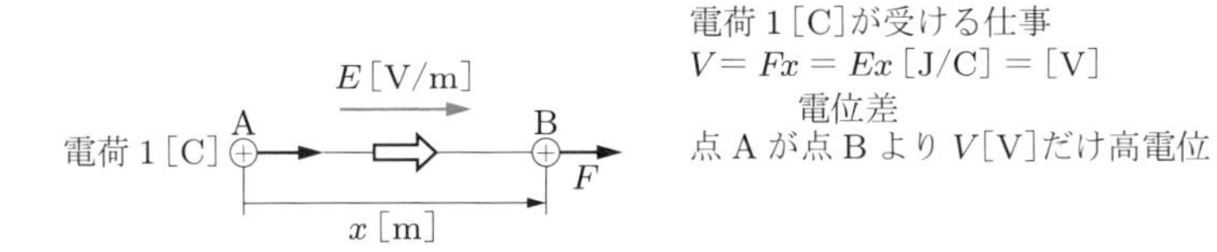

図 6.4　点 A, B 間の電位差

量の電荷 ΔQ [C] が点 A から点 B まで動くとして，その間に受け取る仕事（エネルギー）が ΔW [J] ならば，A, B 間の電位差 V は，

$$V = \frac{\Delta W}{\Delta Q} \quad \text{[J/C]} = \text{[V]}\ (\text{ボルト}) \tag{6.3}$$

とする．これは 1 [C] あたりの仕事量になる．電位差は地球重力の場の落差に相当すると考えればよい．

6.3 電界と電位差

+1 [C] の電荷が一様（一定）な電界 E [V/m] から力を受けて，点 A から点 B まで電界の方向に x [m] 動いたときに電荷が電界から受け取った仕事（エネルギー）が V [J] ならば，点 A と点 B との間の電位差は V [V] と定めたから（図 6.4），式 (6.2) で $Q = 1$ [C] とすれば $W = V$ [V] となるわけで，

$$V = Ex \quad \text{[V]} \tag{6.4}$$

の関係がある．すなわち，一様な電界中の電界に沿った（同一電気力線上の）2 点間の電位差 V [V] は，電界の強さ E [V/m] と 2 点間の距離 x [m] との積に等しく，そして，点 A のほうが点 B よりも電位が高いという．電位は単位正電荷が電界中でもつ位置のエネルギーである（6.2 節参照）．したがって，電界は高電位点から低電位点に向かうといえる．

ところで，電界 E [V/m] 中で電荷 Q [C] がはじめに静止状態ならば，電界による静電気力 EQ [N] によって電界の方向に動くが，はじめに電界とは違った方向に動いていたとすると（図 6.5），動く方向と電界の方向との間の角を θ とすれば，動く方向に受ける力の成分は静電気力そのままではなく，$EQ\cos\theta$ [N] になる．したがって，一様な電界 E [V/m] のなかを点 A から E とは角 θ をなす方向の距離 x [m] の点 B まで動く間に受ける仕事 W は，

$$W = Fx = EQ\cos\theta\ x \quad \text{[J]}$$

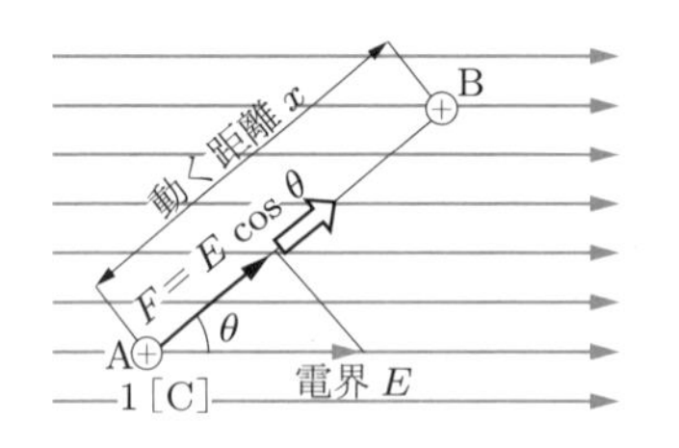

図 6.5 電荷が電界に対して斜めに動く場合

となる．したがって，点 A と点 B との間の電位差 V は，Q を 1 [C] として

$$V = E\cos\theta\, x \quad [\mathrm{V}] \tag{6.5}$$

となる．または，$E' = E\cos\theta$ [V/m] として $V = E'x$ となる．

この $E' = E\cos\theta$ を電界 E の θ 方向の**成分**という．

電界 E が図 6.6 のように一様でない場合に，電荷が点 A から点 B まで動く間に受け取る仕事（エネルギー）はどうなるだろうか．このときは，電荷の動く道を，電界が一様で道が直線と見なされるような短い長さ $\mathrm{d}s$ [m] に分けて考えると，各部分については図 6.5 の場合と同じと考えられる．そして，各微小部分の両端間の微小電位差 $\mathrm{d}V$ [V] を点 A から点 B まで順次足しあわせれば，点 A, B 間の電位差 V [V] が得られる．任意の点の電界の強さを E（場所の関数）[V/m]，その点での電界の方向と電荷の動く方向との間の角を θ とすれば，$\mathrm{d}s$ の両端間の電位差は式 (6.5) から

$$\mathrm{d}V = E\cos\theta\mathrm{d}s \quad [\mathrm{V}] \tag{6.6}$$

となる．したがって，A, B 間の電位差 V はこの値を点 A から点 B まで積分して

$$V = \int_{\mathrm{A}}^{\mathrm{B}} \mathrm{d}V = \int_{\mathrm{A}}^{\mathrm{B}} E\cos\theta\mathrm{d}s \quad [\mathrm{V}] \tag{6.7}$$

となる．ただし，E と θ が場所の関数として表せないと数学的に積分はできないが，図などで数値が得られれば，$\mathrm{d}s$ の長さを適当に選ぶことによって数値計算ができる．このの V の値が正ならば，点 A のほうが点 B より電位が高いことになる．

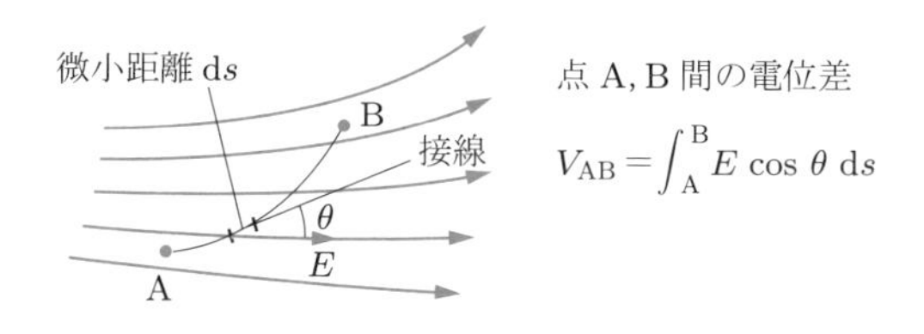

図 6.6 一様でない電界の場合

電界 E の大きさの分布の状態が時間的に変化しないときは，静電界とよばれる．静電界中では，電荷がどんな道を通って点 A から点 B まで動いても，その受ける仕事の大きさ，したがって両点間の電位差は両点の位置だけで定まることが，**エネルギー保存則**から証明される（証明は省略）．

6.4 電位の傾きと電界

6.3 節で触れたように，電界中のある点の電位とは，電界があるためにその点にお

かれた単位正電荷がもつ位置のエネルギーとした．そして，2点A, B間の電位差は，点Aでの電位と点Bでの電位との差であるとした．しかし，6.3節で考えたように，はっきりした物理的意味のあるのは電位差だけであって，電位の値は決められない．ただし，任意の基準点を定めて，その基準点とある点Pとの間の電位差（点Pの電位から基準点の電位を引いたもの）を，基準点に対する点Pの**電位**ということがある．たとえば，図6.6で，基準点を点Bにとれば，点Bに対する点Aの電位はV [V]であるといい，基準点を点Aにとれば，点Aに対する点Bの電位は$-V$ [V]であるという．

したがって，図6.7のように，基準点を点A, B以外のたとえば点Oにとったときに，点Oに対する点Aの電位がV_{AO} [V]，点Bの電位がV_{BO} [V]ならば，点Bに対する点Aの電位は$V_{\mathrm{AB}} = V_{\mathrm{AO}} - V_{\mathrm{BO}}$ [V]であり，逆に点Aに対する点Bの電位は$V_{\mathrm{BA}} = V_{\mathrm{BO}} - V_{\mathrm{AO}} = -V_{\mathrm{AB}}$ [V]となる．

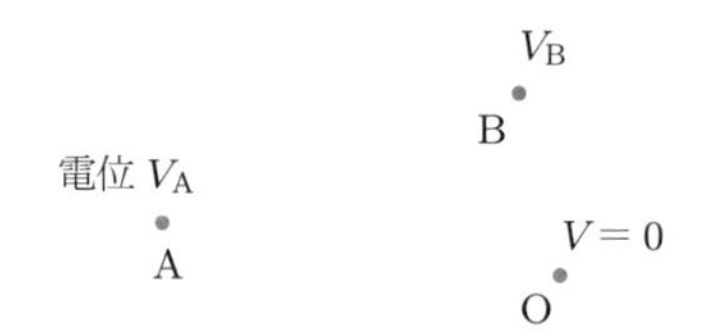

図6.7 任意の基準点Oに対する電位

基準点を無限の遠方に考えたときの，ある点の電位をその点の**絶対電位**ということがある．たとえば，上記の点A, Bの絶対電位V_{A}, V_{B}は式(6.7)の形を使えば次のような値である．

$$V_{\mathrm{A}} = \int_{\mathrm{A}}^{\infty} E\cos\theta \mathrm{d}s \quad [\mathrm{V}], \quad V_{\mathrm{B}} = \int_{\mathrm{B}}^{\infty} E\cos\theta \mathrm{d}s \quad [\mathrm{V}] \tag{6.8}$$

いま，図6.8のように，電界中に，電界がほぼ一様と見なされる小範囲内の微小距離Δs [m]をへだてた2点P, P$'$を考える．電位の高いほうの点Pの任意の基準点に対する電位をV [V]とし，点Pから点P$'$に向かう方向の距離をs [m]としたとき，s方向への電位の変化の割合，すなわち**電位の傾き**は$\partial V/\partial s$と表せるから，点P$'$の電

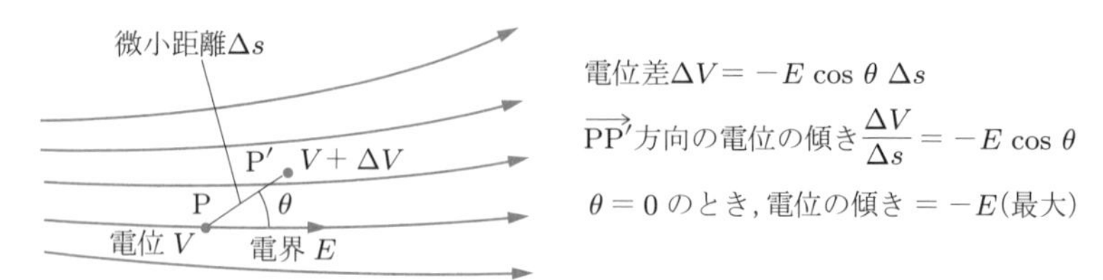

図6.8 電位の傾きと電界

位は $V + (\partial V/\partial s)\Delta s$ [V] となる．したがって，点 P′ に対する点 P の電位は

$$V - \left(V + \frac{\partial V}{\partial s}\Delta s\right) = -\frac{\partial V}{\partial s}\Delta s \quad \text{[V]}$$

になる．一方，この場所の電界の強さを E [V/m]，E の方向と Δs の方向との間の角を θ とすれば，P, P′ 間の電位差は点 P のほうを高電位として $E\cos\theta\Delta s$ [V] である．これは，上の値と等しいから $E\cos\theta\Delta s = -(\partial V/\partial s)\Delta s$ となり，

$$E\cos\theta = E' = -\frac{\partial V}{\partial s} \quad \text{[V/m]} \tag{6.9}$$

である．この関係と図 6.8 とを比べてみよう．点 P から点 P′ へ向かう電位の傾き $\partial V/\partial s$ は，電位が下がっていくのだから，その値は負（−）である．したがって，$-\partial V/\partial s$ は正（+）の値になるので，$E\cos\theta$ の値は正（+）になって，図の場合と合っている．すなわち，任意の方向（s の方向）への電界の成分 $E' = E\cos\theta$ は，その方向へ電位が下がっていく割合に等しい．そして，電位の傾きが最大になる方向が電界 E の方向（$\theta = 0$）になる．

演習問題

6.1 1 個の陽子が強さ $E = 10^6$ [V/m] の電界に沿って距離 1 [cm] 動いたとき，陽子はどれだけの仕事（エネルギー）を受け取るか？ ただし，陽子の電荷 $e = 1.60 \times 10^{-19}$ [C] とする．

6.2 1 個の電子が電位差 1 [V] の間を静電気力によって動くとき，何 [J] のエネルギーを受け取るか？（このエネルギーを 1 [eV]（電子ボルト）という）

6.3 真空中で電子が電位差 1000 [V] の間を静電気力を受けて静止した状態から加速され，受け取ったエネルギーが運動のエネルギー $mv^2/2$（m は電子の質量，v は速度）に変わったとすれば，電子の速度 v はいくらになるか？ また，それは光の速度 $c = 3 \times 10^8$ [m/s] の何分の 1 に相当するか？ ただし，電子の電荷と質量との比 $e/m = 1.76 \times 10^{11}$ [C/kg] とする．

6.4 2 枚の平行平面導体板の間に，一様な強さの電界 $E = 10^4$ [V/m] が図 6.9 のように下向きにできている．導体面の間隔が 5 [mm] のとき，両導体板の間の電位差はいくらか？ また，どちらが高電位か？

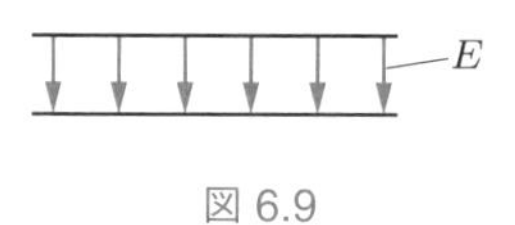

図 6.9

6.5 2 枚の平面導体板が距離 0.01 [mm] をへだてて平行に向き合っている．導体面間の電位差が 0.5 [V] のとき，導体面間の電界の強さはいくらか？

第7章 導体と電荷

7.1 物質中の電荷の移動と分類

物質は原子の集合で，原子は正電荷をもつ原子核と負電荷をもつ電子とからなっている．すべての物質は内部に多量の正負の電荷をもっているが，正負の電荷（**荷電粒子**）とも等しい密度で分布しているから，外部の電荷に対するそれらの作用は打ち消しあって，電荷はないように見える．しかし，物質に外部から電界を加えると，内部の電荷には力が加わる．ただし，正電荷と負電荷とでは作用する力の方向は反対になる．このとき，ある物質ではほとんどすべての電荷は動けないが，またある物質では電界に応じて動ける荷電粒子がある程度の数あり，ある物質では電界に応じて動ける電荷がきわめて多量にある．動ける電荷，すなわち電荷を運ぶことのできる粒子を**キャリア**という．物質はこのキャリアを多くもつかもたないかによって，おおよそ次の3種に大別される．ただし，それらの間の境界ははっきりしたものではない．

① **絶縁体**：移動できる電荷（キャリア）がきわめて少ない
② **半導体**：キャリアがある程度ある
③ **導体**：キャリアがきわめて多い

上記のそれぞれの物質は，電気の応用でそれぞれ異なる使い道がある．物質の動作の本質については**電気磁気学**の範囲を超えるので，詳細は**電気電子物性学**にゆずり，ここでは見かけの性質だけを考える．

7.2 導　体

絶縁体と半導体とについては必要な章で触れることにし，ここではもっとも多く使

表 7.1　導体の分類

状態	導体	キャリア
固体	**金属**，黒鉛状炭素	電子
液体	金属（水銀，溶融金属）	電子
	電解液	解離した正・負イオン
気体	**電離気体**	電子と陽（正）イオン

われる導体について，やや詳しく述べる．

導体には，大別して表 7.1 のようなものがある．

上記のうち，電気の応用でもっとも広く使われる導体は**金属導体**である．

7.3 金属導体中の電荷とその移動

金属導体は，それを構成している原子が互いにきわめて密接していて，一つの原子の最外側電子の軌道と（図 7.1），隣接の原子の軌道とが近接しているために，最外側電子の一つは特定の原子に拘束されずに簡単にほかの原子の最外側電子と入れ替わることができる．そのために，最外側電子の大部分は金属体内をほとんど自由に動きまわることができる．それで，これらの電子は金属体内の**自由電子**，または，これらが電流を運ぶ本体になるために**伝導電子**ともよばれる（図 7.2）．

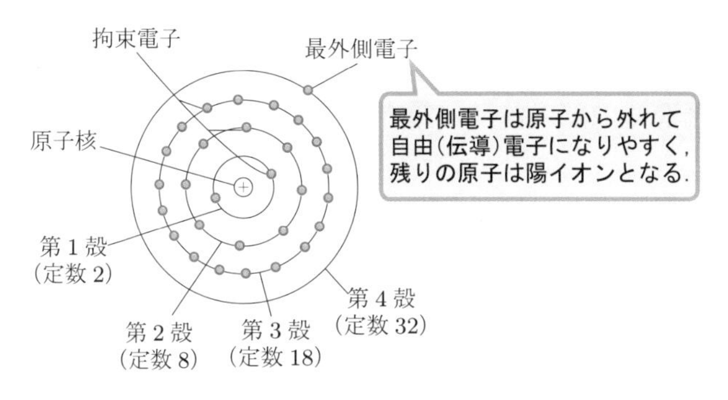

図 7.1 銅原子の簡単なモデル

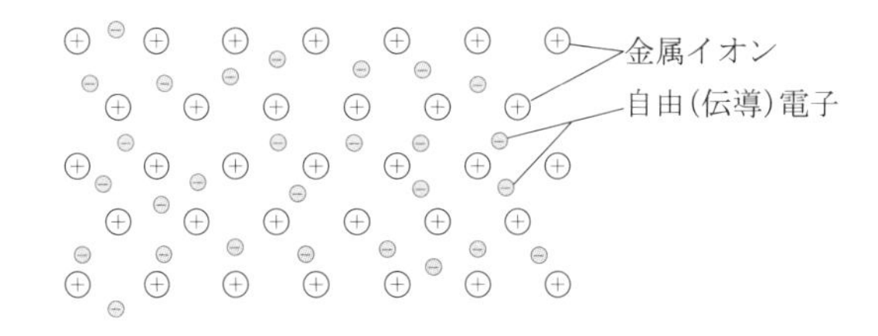

図 7.2 金属導体内の金属イオンと自由（伝導）電子

したがって，これらの自由電子は，金属体内に電界があれば静電気力を受けて，電界と反対の方向へ（負電荷だから）簡単に移動する．ただし，これらの電子が自由に動けるのは金属体内だけで，普通の状態ではその外部の空間へ出ることはできない．外部に出ようとすると，電子の負電荷と電子を失って残った金属イオンの正電荷とが吸引しあって，電子を引き戻すからである．

金属体中の自由電子の密度はきわめて高く，たとえば銅や銀では 10^{24} [個/m^3] 程度であって，これは電荷の密度にすると 10^5 [C/m^3] 程度になる．こんなに高い密度の電荷が正または負だけで空間に存在することは実際上できないが，普通の状態では，金属体中の自由電子（負電荷）と，それらを失った金属イオン（正電荷）とが等しい密度で混在しているために，両者の作用が打ち消しあって，電荷が多量にあるにもかかわらず，外部からはどこにも電荷がないように見える．このような状態を**中和の状態**という．

ひとかたまりの金属体に外部から電子を与えると，金属体全体として電子のほうが金属イオンの数よりも多くなるから，その余分の負電荷量だけ負に帯電したように見える．また，金属体からある数の自由電子を取り去ると，金属体全体としては電子のほうが金属イオンの数よりも少なくなるから，その不足分の電荷だけ正に帯電したように見える．したがって，正に帯電する場合も負に帯電する場合も，実際に移動するのは電子だけであって，金属イオン，すなわち金属原子のほうは動かない．

7.4 金属導体内部の電荷と電界

帯電していない，ひとかたまりの金属導体の正および負の各総電荷量は等しい．しかし，内部の自由電子は自由に動けるから，自由電子の密度に偏りが生じると，電子の密度が高くなった場所では正負の電荷密度の差だけの密度の負電荷があるように見え（図 7.3），電子の密度の低くなった場所では金属イオンの密度のほうが電子の密度より高くなって，その差だけの密度の正電荷があるように見える．

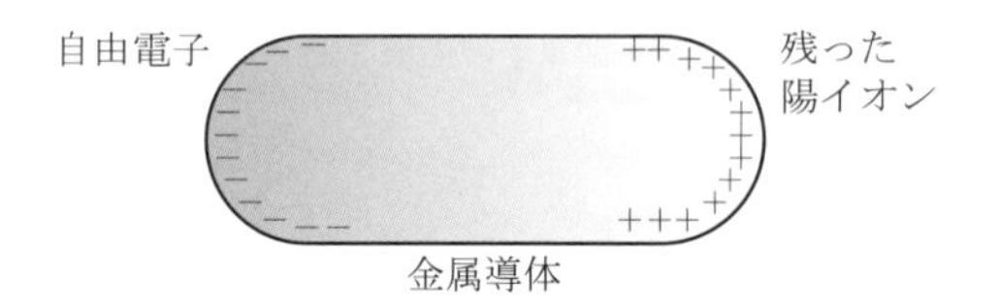

図 7.3 金属導体中の自由電子の分布が偏ったとき

ところが，このような状態が生じると正電荷の部分から負電荷の部分に向かって電界が生じるから，それによって自由電子が電子密度の高いほうから密度の低い正電荷の部分に向かって動き，正電荷を中和する．したがって，導体の材質が一様ならば，結局，導体内部の正電荷密度と負電荷密度とはあらゆるところで等しくなった状態に落ちつく．すなわち，**定常状態**（時間的に変化のない状態）では，金属導体内部では電荷はないように見える（**電荷中和の原理**）．これを，電荷は存在するが顕在しないという．したがって，定常状態の金属導体内には電界もない．

金属導体が帯電しているときも，もし内部に電荷が顕在するとすると，内部の電荷の顕在する部分を任意の閉曲面で囲んだときに，それを通過して内から外に（または逆に）向かう電気力線の総数が 0 でないことになり，電界が存在することになる．しかし，電界があれば自由電子が移動するから定常状態でなくなる．したがって，金属導体は帯電していても，定常状態では内部には顕在する電荷も電界もなく，帯電した余分の電荷はすべて導体表面にしか存在できない（図 7.4）．

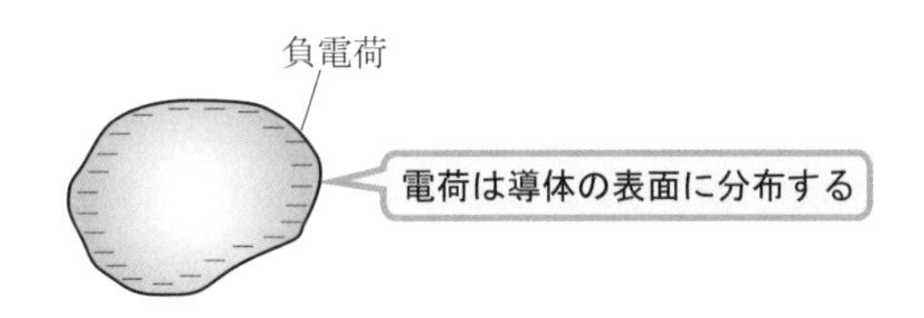

図 7.4 負に帯電した導体の電荷

7.5 金属導体表面の電荷と電界

7.4 節で述べたように，ひとかたまりの金属導体が帯電していない状態で，電界のない空間におかれたとき，導体の内部にも表面にも電荷はないため，導体の内部にも外部の空間にも電界はない．ところが，この導体を図 7.5 のように電界内におくと，導体内部にも一瞬電界ができると考えられるが，その電界によって自由電子が移動し，表面に正負の電荷が現れ，定常状態に落ちつく．もともと帯電していないから，この表面の正負の電荷量は等しいはずである．この現象を**静電誘導現象**という．この表面に現れた電荷によって，外部の電界は変化する．この表面電荷の量や分布の仕方は，この電荷が導体の内部につくる電界が，外部の電界によって導体内にできた電界をちょうど打ち消すように分布すると考えられる．

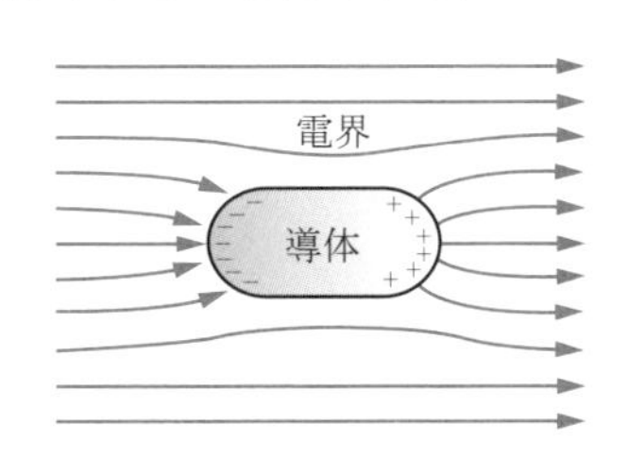

図 7.5 導体の静電誘導

導体内部には電界がないから，電位差は生じない．導体表面にできた電荷も動かないから，表面に沿っての電界はない．したがって，電位差もないから，導体の表面は，定常状態では**等電位面**になる．導体が帯電していてもいなくても，表面の電荷から導体内部へ向かっては電気力線は出ないことになるが，外部の空間には電界ができるから電気力線が出る．このとき，導体表面は等電位面だから，面に沿った方向の電界成分はなく，電界，したがって電気力線は導体表面に常に直角になる（図 7.6）．

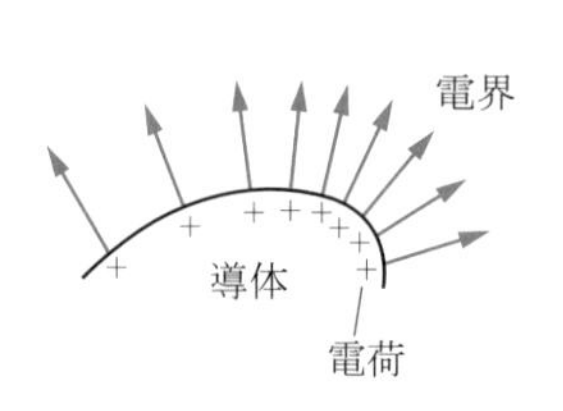

図 7.6　導体表面の電荷と電界

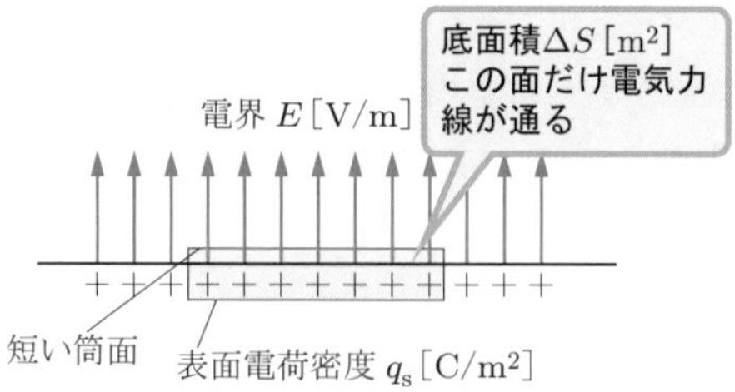

底面積 ΔS [m^2]
この面だけ電気力線が通る
電界 E [V/m]
短い筒面
表面電荷密度 q_s [C/m^2]

図 7.7　表面電荷密度と電界

この導体表面の**電荷面積密度**（単位面積あたりの電荷量）と表面付近の電界の強さとは一定の関係がある．いま，導体表面の電荷密度が一様と見なされるような導体表面の小範囲を考えると，図 7.7 のようになる．表面の電荷密度を q_s [C/m^2]，表面の電界の強さを E [V/m] とし，表面の小部分を内部に含んで，底面が導体面に平行で面積が ΔS [m^2]，側面が導体面に垂直な短い筒面を考える．この筒面を一つの閉曲面として，ガウスの定理を適用する．閉曲面の内部に含まれる総電荷量は $\Delta Q = q_s \Delta S$ [C] になるから，筒面を通過して出ていく電気力線の総数 N は，式 (5.3) より $\Delta Q/\varepsilon_0 = q_s \Delta S/\varepsilon_0$ [本] になる．一方，導体表面の電気力線は q_s が正ならば表面に直角に E [本/m^2] の密度で外に向かうから，筒面のうち導体の外部にある底面を通過して外に出ていく電気力線の数はの $E\Delta S$ [本] である．また，導体内部には電界はないから導体内にある底面を通過する電気力線はなく，側面は電界に平行だからこれを通過する電気力線もない．したがって，筒面を通過する電気力線の総数は $N = E\Delta S$ [本] だけである．したがって，ガウスの定理により，次のようになる．

$$N = E\Delta S = \frac{q_s \Delta S}{\varepsilon_0}$$

両辺を ΔS で割れば，

$$E = \frac{q_s}{\varepsilon_0} \quad \text{[V/m]} \tag{7.1}$$

となり，両辺に ε_0 をかければ，

$$q_s = \varepsilon_0 E \quad \text{[C/m}^2\text{]} \tag{7.2}$$

の関係となる．式 (7.1) と式 (7.2) とは同じことではあるが，式 (7.1) のほうは，導体表面に q_s [C/m^2] の面密度の電荷があるときは，その表面付近には $E = q_s/\varepsilon_0$ [V/m] の電界があることを示し，式 (7.2) のほうは，導体表面付近に E [V/m] の電界があるときは，その表面には $\varepsilon_0 E$ [C/m^2] の面密度の電荷があることを示している．

演習問題

7.1 キャリアとは何か？

7.2 ある金属導体のなかに 10^{24} [個/m^3] の伝導電子があるとすると，体積 1 [cm^3] のなかには移動できる電荷は何 [C] あるか？ ただし，電子の電荷 $-e = -1.60 \times 10^{-19}$ [C] とする．

7.3 金属導体球に電荷を与えると，形の対称性から電荷は金属球の表面に一様な密度で広がる．電荷 $Q = 0.001$ [C] を半径 1 [m] の金属球に与えたとき，その表面電荷密度はいくらになるか？ また，表面の電界の強さはいくらか？

7.4 大気中では，電界の強さが 3×10^6 [V/m] を超えると絶縁が破れて放電を起こす．総量 1 [C] の電荷が導体球に与えられたとき，放電を起こさないためには球の半径は最小限いくらなければならないか？

7.5 半径 50 [cm] の金属球に，放電を起こさずに与えることができる総電荷量はいくらか？

7.6 対向面積 $S = 100$ [cm^2] の 2 枚の平面導体板が間隔 0.5 [cm] で平行に向かいあっている．導体板間の電位差が 1000 [V] のとき，各導体板の電荷量はいくらになるか？

7.7 【演習問題 7.5】で，最大量の電荷を与えたときの，無限遠に対する金属球の電位は何 [V] になるか？

キャパシタンス（静電容量）

8.1　導体系の電荷と電位

空間の孤立したいくつかの導体からなる**導体系**の各導体にそれぞれある量の電荷 Q_1, Q_2, Q_3 [C] を与えると（図 8.1），それぞれの導体の表面上の電荷の分布の形は一通りしかないため，導体間の空間にできる電界の分布の形も一通りしかない．したがって，任意の 1 点を基準とする各導体の電位 V_1, V_2, V_3 [V] も，各導体間の電位差も一通りに定まることが証明される（証明は省略）．

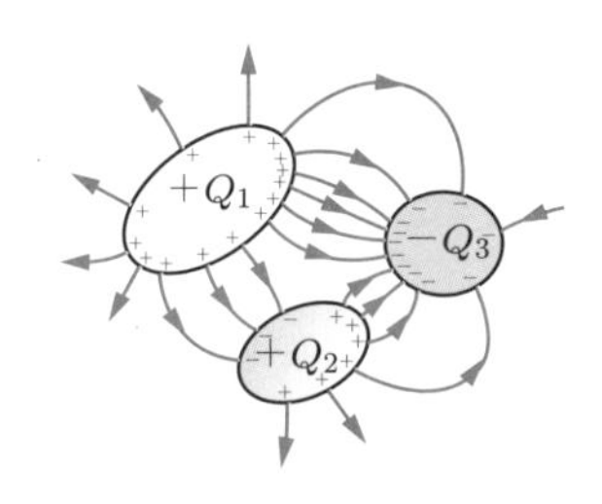

図 8.1　導体系の電荷と電界の分布

逆に，これら導体の電位 V_1, V_2, V_3 [V]，または各導体間の電位差が与えられるときには，各導体間の空間に生じる電界の分布の形，各導体表面上の電荷の分布の形，各導体のもつ全電荷量 Q_1, Q_2, Q_3 [C] も一通りに決まることも証明される（証明は省略）．

上記の性質から，次のことがいえる．一つの導体系の各導体に，ある割合である量の電荷を与えたときに，各導体が一つの基準点に対してそれぞれある電位になったとすると，各導体に与える電荷の量を，割合を変えずに，全体に何倍かしたり何分の 1 かにしたりして変化すると，電界も形を変えずに強さだけがあらゆるところで電荷量に比例して増減するから，各導体の電位も割合は変わらずに大きさが電荷に比例して増減する．また逆に，各導体の電位の大きさが互いの割合を変えずに増減するときは，各導体のもつ電荷も，割合は変わらずに量が電位に比例して増減する．

8.2　2 導体間のキャパシタンス（静電容量）

空間に孤立した二つの導体に，図 8.2 のように，それぞれ $+Q$, $-Q$ [C]（Q は正値とする）の正負の電荷を与えたときに，8.1 節の原理によって，導体間の電位差 V [V] は一つの値に定まる．V の値と Q の値とは互いに比例するから，比例の定数を C として，V と Q との関係を次のように表せる．

$$Q = CV \quad [\mathrm{C}] \tag{8.1}$$

この比例定数

$$C = \frac{Q}{V} \quad [\mathrm{C/V}] = [\mathrm{F}]\ (\text{ファラド}) \tag{8.2}$$

を，この 2 導体間の**キャパシタンス**（または**静電容量**）という．キャパシタンス C の値は，2 導体の形状，寸法，相対位置によって定まり，Q や V の値によっては変わらない．

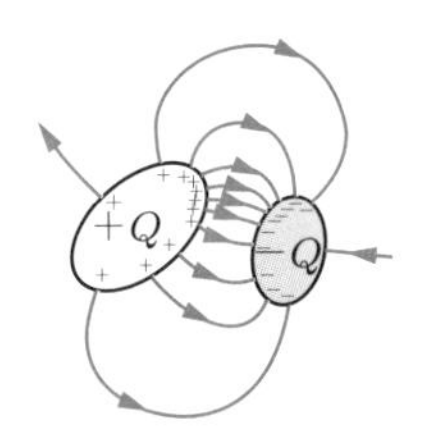

図 8.2　2 導体に正負等量の電荷を与えた場合

式 (8.1) は，キャパシタンス C [F] の 2 導体間の電位差が V [V] ならば，各導体には $\pm CV$ [C] の電荷が蓄えられていることを示す．式 (8.1) の形を変えれば

$$V = \frac{Q}{C} \quad [\mathrm{V}] \tag{8.3}$$

となり，キャパシタンス C [F] の 2 導体に $\pm Q$ [C] の電荷が蓄えられているときは，導体間の電位差は Q/C [V] になることを示す．

[F] の単位は実用上大きすぎるので，

$$10^{-6} \quad [\mathrm{F}] = 1 \quad [\mu\mathrm{F}] \quad (\text{マイクロファラド})$$

$$10^{-12} \quad [\mathrm{F}] = 1 \quad [\mathrm{pF}] \quad (\text{ピコファラド})$$

の単位がよく使われる．

8.3 孤立単独導体のキャパシタンス

空間に孤立した単独の導体に電荷量 Q [C] の電荷を与えたときに（図 8.3），無限遠点に対するこの導体の電位が V [V] ならば，

$$C = \frac{Q}{V} \quad \text{[F]} \tag{8.4}$$

の値を，この孤立導体のキャパシタンスということがある．

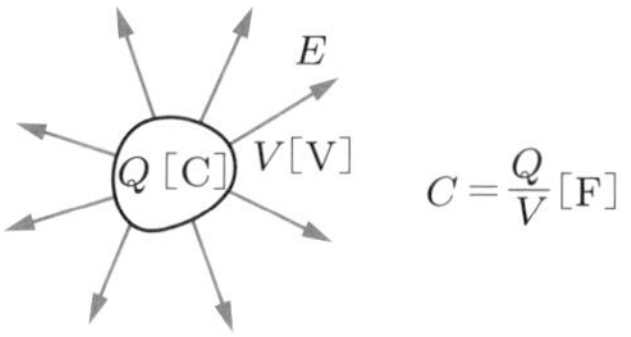

図 8.3 孤立単独導体のキャパシタンス C

8.4 キャパシタンスの求め方

電気電子工学では，導体間のキャパシタンスを求める必要があることが多い．2導体間のキャパシタンス C [F] を求めるには，その2導体に $\pm Q$ [C] の電荷を与えたときに，2導体間の電位差 V [V] がどんな値になるかを知れば，式 (8.2) によって C の値を計算すればよい．もっともよく使われる二つの場合の例を次に示そう．

例 8.1 2平行平面導体間のキャパシタンス

二つの平面導体板を図 8.4 のように平行に向かいあわせ，それぞれに $+Q$, $-Q$ [C] の電荷を与えると，両電荷は向かいあった面に集まり，また，面に平行な方向には導体の状況が一様なので，電荷は向かいあった導体面に一様な密度で分布すると考えられる．向かいあった面積は等しいから，両導体面の電荷密度は等しく，導体面間の空間の電界は $+Q$ の導体面から $-Q$ の導体面に向かって直角に，一様な強さで図のようにできることになる．導体板の端の部分では状況が一様でないから電界が乱れるが，導体面の寸法に比べて間隔が十分に狭ければ，端部の影響は無視しても大きな誤差にはならない．

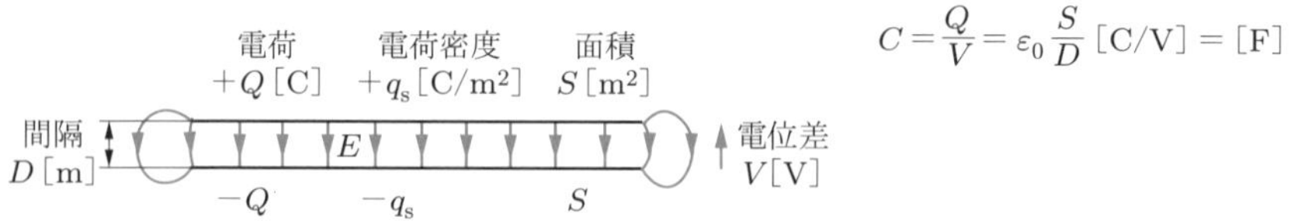

図 8.4 平行平面導体の板間のキャパシタンス C

導体板の対向面積が $S\,[\mathrm{m}^2]$ ならば，導体の表面電荷密度 q_s は，

$$q_\mathrm{s} = \frac{Q}{S} \quad [\mathrm{C/m^2}]$$

になる．したがって，電界の強さ E は式 (7.1) より，

$$E = \frac{q_\mathrm{s}}{\varepsilon_0} = \frac{Q}{\varepsilon_0 S} \quad [\mathrm{V/m}]$$

となる．導体板の対向面の間隔を $D\,[\mathrm{m}]$ とすれば，間隔内の電界の強さ E は上記の一定値だから，両導体面間の電位差 V は式 (6.4) のように，E と D との積に等しい．すなわち，次のようになる．

$$V = ED = \frac{Q}{\varepsilon_0 S} D \quad [\mathrm{V}]$$

したがって，両導体板間のキャパシタンス C は定義によって次のようになる．

$$C = \frac{Q}{V} = \varepsilon_0 \frac{S}{D} \quad [\mathrm{C/V}] = [\mathrm{F}] \tag{8.5}$$

ここで，ε_0：真空の誘電率 $= 8.854 \times 10^{-12}\,[\mathrm{F/m}]$

例 8.2 同軸円筒導体間のキャパシタンス

図 8.5 のような，軸を共通にした二重の円筒導体が軸方向に長く伸びていて，内・外の導体にそれぞれ軸方向の単位長（1 [m]）あたり $+Q_0$，$-Q_0\,[\mathrm{C/m}]$ の電荷が与えら

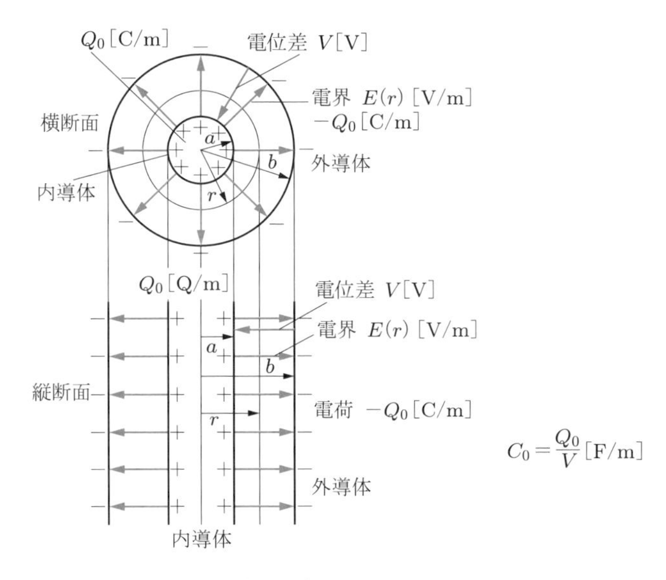

図 8.5 同軸円筒導体間のキャパシタンス C_0

れたものとする．軸の方向には導体の形が一様であり，断面については軸対称（円筒対称）になっているから，電荷は内・外各導体の表面に一様な表面密度で分布すると考えられ，内・外導体間の空間には，図のように，軸に直角に，軸方向には一様な，また，断面内では放射状に各方向一様な電界ができると考えられる．したがって，電界の強さ E は軸からの半径 r が一定の円筒面上では一定値であるが，半径方向には，電気力線の密度が変化するから，電界の強さは半径 r によって変化する．

任意の半径 r [m] での電界の強さ E [V/m] の値を求めるために，両底面が軸に直角で半径が r [m]，高さ（長さ）が 1 [m] の円筒面（軸は共通）を考える．この円筒面を閉曲面として，ガウスの定理を利用する．この閉曲面の内部から面を通過して外部に出ていく電気力線の総数 N を考える．電気力線はすべて両底面に平行だから，両底面を通過する電気力線はない．したがって，電気力線はすべて側面を直角に通過するわけだが，側面は半径 r 一定の面だから，側面上の電界の強さ E はあらゆるところで一定値である．したがって，円筒面を通過して外に出る電気力線の総数 N は，電気力線の密度 $E\,[\mathrm{V/m}] = [\text{本}/\mathrm{m}^2]$ と側面の面積 $1 \times 2\pi r\,[\mathrm{m}^2]$ との積に等しい．すなわち，

$$N = 2\pi r E \quad [\text{本}]$$

となる．一方，長さ 1 [m] の円筒面の内部にある全電荷量は $Q_0 \times 1$ [C] だから，円筒面を通過して出ていく電気力線の総数 N は，ガウスの定理（5.4 節）により，

$$N = \frac{Q_0}{\varepsilon_0} \quad [\text{本}]$$

である．両者は等しいはずなので，

$$2\pi r E = \frac{Q_0}{\varepsilon_0} \qquad \therefore E = \frac{Q_0}{2\pi r \varepsilon_0} \quad [\mathrm{V/m}] \tag{8.6}$$

となり，電界の強さ E は半径 r に反比例することがわかる．

したがって，内・外両円筒導体間の電位差 V は，電界 E を電界に沿って内導体の外半径 a から外導体の内半径 b まで積分すれば，次のように得られる．

$$\begin{aligned} V &= \int_a^b E\mathrm{d}r = \frac{Q_0}{2\pi\varepsilon_0}\int_a^b \frac{\mathrm{d}r}{r} = \frac{Q_0}{2\pi\varepsilon_0}\Big[\ln r\Big]_a^b \\ &= \frac{Q_0}{2\pi\varepsilon_0}(\ln b - \ln a) = \frac{Q_0}{2\pi\varepsilon_0}\ln\frac{b}{a} \quad [\mathrm{V}] \end{aligned} \tag{8.7}$$

これで，内・外導体に単位長あたり $\pm Q_0$ [C/m] の電荷を与えたときの導体間の電位差 V [V] が得られたから，長さ 1 [m] あたりの同軸円筒導体間のキャパシタンス C_0 の値は定義によって次のような値になる．

$$C_0 = \frac{Q_0}{V} = \frac{Q_0}{\dfrac{Q_0}{2\pi\varepsilon_0}\ln\dfrac{b}{a}} = \frac{2\pi\varepsilon_0}{\ln\dfrac{b}{a}} \quad [\mathrm{F/m}] \tag{8.8}$$

演習問題

8.1 対向面積が 100 [cm^2]，間隔が 5 [mm] の平行平面導体板間のキャパシタンスはいくらになるか？

8.2 対向面積 20 [cm^2] の平行平面導体板で 100 [pF] のキャパシタンスを得るには，間隔をいくらにしたらよいか？

8.3 同軸円筒導体がある．内導体の外半径は $a = 49.5$ [mm]，外導体の内半径は $b = 50.5$ [mm]，円筒の長さは $l = 100$ [mm] である．内・外導体間のキャパシタンスを同軸円筒導体として，有効数字 5 桁で求めなさい．

8.4 【演習問題 8.3】のキャパシタンスを近似的に平行板導体として有効数字 5 桁で求め，【演習問題 8.3】の値と比較し，誤差の値を求めなさい．

8.5 同心球導体の内導体の外半径が a [m]，外導体の内半径が b [m]（$> a$）のとき，内・外導体間のキャパシタンスを表す式を求めなさい．

キャパシタンスの組合せ

9.1 コンデンサ（キャパシタ）

2 枚の導体板を空気その他の絶縁体を挟んで向かい合わせ，その間のキャパシタンスによって電荷を蓄える作用をさせる器具（図 9.1）を**コンデンサ**（または**キャパシタ**）という．電荷を蓄える導体板を**電極**という．コンデンサにはキャパシタンスの値が一定の**固定コンデンサ**と，キャパシタンスの値を変化できる**可変コンデンサ**とがある．コンデンサは電気回路を形成する重要な要素の一つで，電気回路図のなかでは図 9.2 のように表すことになっている．

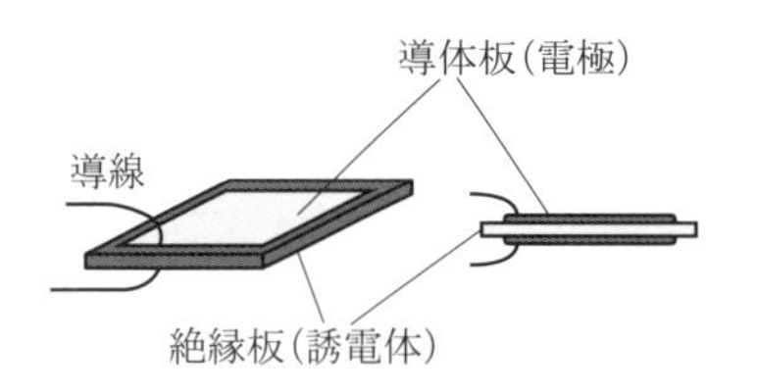

図 9.1 コンデンサ（キャパシタ）の構造例

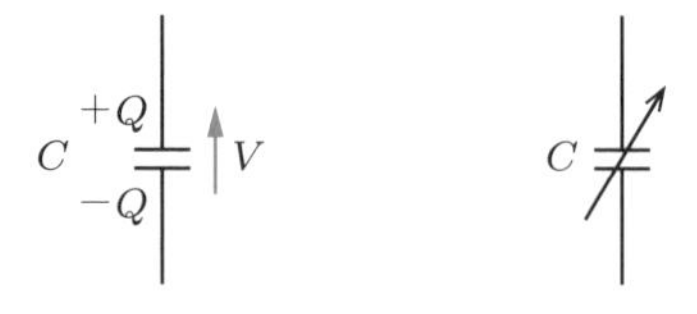

図 9.2 コンデンサ（キャパシタ）の回路表示

9.2 コンデンサの並列接続

キャパシタンスがそれぞれ C_1, C_2, C_3 [F] のいくつかのコンデンサが，図 9.3 のように，すべてのコンデンサの電極間の電位差が共通の大きさ，たとえば V [V] になるように接続されたとき（**並列接続**），これの全体の合成キャパシタンス C，つまり，これらのキャパシタンスを同等な一つのキャパシタンスに置き換えた値 C はどのような値になるかを考える．

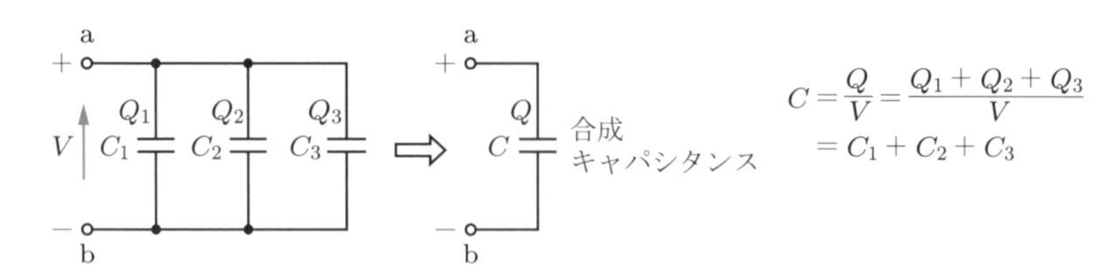

図 9.3 コンデンサの並列接続

キャパシタンス C_1, C_2, C_3 [F] の各コンデンサに蓄えられる電荷量 Q_1, Q_2, Q_3 は式 (8.1) より，それぞれ

$$Q_1 = C_1 V, \quad Q_2 = C_2 V, \quad Q_3 = C_3 V \quad [\mathrm{C}]$$

となる．共通端子 a または b につながる導体に蓄えられる総電荷量 Q は，各コンデンサに蓄えられている電荷量の和に等しいから，

$$Q = Q_1 + Q_2 + Q_3 \quad [\mathrm{C}]$$

となる．したがって，共通の端子 a, b 間の合成キャパシタンス C の値は定義によって，次のようになる．

$$\begin{aligned} C &= \frac{Q}{V} = \frac{Q_1 + Q_2 + Q_3}{V} = \frac{(C_1 + C_2 + C_3)V}{V} \\ &= C_1 + C_2 + C_3 \quad [\mathrm{F}] \end{aligned} \tag{9.1}$$

すなわち，並列接続されたコンデンサの合成キャパシタンスは，各コンデンサのキャパシタンスの和に等しい．

9.3　コンデンサの直列接続

キャパシタンスがそれぞれ C_1, C_2, C_3 [F] のいくつかのコンデンサが図 9.4 のように縦に接続されたとき（**直列接続**），両端子 a, b 間の合成キャパシタンス C がどのような値になるかを考える．

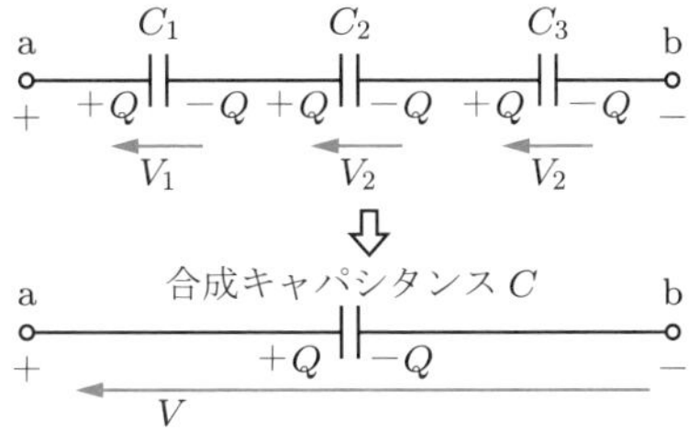

$$\frac{1}{C} = \frac{V}{Q} = \frac{V_1 + V_2 + V_3}{Q} = \frac{1}{C_1} + \frac{1}{C_2} + \frac{1}{C_3}$$

図 9.4　コンデンサの直列接続

端子 a に $+Q$ [C]，端子 b に $-Q$ [C] の電荷を与えたとすると，C_1 のコンデンサの左側の電極に $+Q$ [C] の電荷が与えられるから，右側の電極には静電誘導（7.5 節）によって $-Q$ [C] の電荷が集まる．この電極と次の C_2 のコンデンサの左側の電極とは一体の導体だから，C_2 の左側電極には等量の $+Q$ [C] の電荷が残る．同様にして，C_2 の右側電極には $-Q$ [C]，C_3 の左側電極には $+Q$ [C] の電荷が現れ，これが端子 b

に与えた $-Q$ [C] の電荷と向かい合うことになる．このようにして，各コンデンサにはすべて同一量の電荷 Q [C] が蓄えられることになる．

キャパシタンス C_1, C_2, C_3 [F] の各コンデンサの電位差 V_1, V_2, V_3 は，式 (8.3) より，それぞれ

$$V_1 = \frac{Q}{C_1}, \quad V_2 = \frac{Q}{C_2}, \quad V_3 = \frac{Q}{C_3} \quad \text{[V]}$$

となるが，各電位差はすべて左側が高電位（+）になっているから，両端子 a, b 間の電位差は各電位差を順次加えた次の値になる．

$$V = V_1 + V_2 + V_3 = \left(\frac{1}{C_1} + \frac{1}{C_2} + \frac{1}{C_3}\right) Q \quad \text{[V]}$$

したがって，両端子 a, b 間の合成キャパシタンスを C [F] とすれば，

$$C = \frac{Q}{V} = \frac{Q}{\left(\frac{1}{C_1} + \frac{1}{C_2} + \frac{1}{C_3}\right) Q} = \frac{1}{\frac{1}{C_1} + \frac{1}{C_2} + \frac{1}{C_3}} \quad \text{[F]} \qquad (9.2)$$

となる．すなわち，直列接続されたコンデンサの合成キャパシタンスは，各コンデンサのキャパシタンスの逆数の和の逆数に等しい．

もし，コンデンサがキャパシタンス C_1, C_2 [F] の二つだけのときは，合成キャパシタンス C [F] は次のような形で表すことができる（図 9.5）．

$$C = \frac{1}{\frac{1}{C_1} + \frac{1}{C_2}} = \frac{C_1 C_2}{C_1 + C_2} \quad \text{[F]} \qquad (9.3)$$

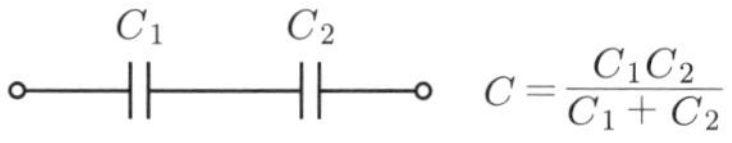

C_1　C_2

$C = \frac{C_1 C_2}{C_1 + C_2}$

図 9.5　二つの直列コンデンサ

演習問題

9.1　図 9.6 の並列接続されたコンデンサの端子 a, b 間の合成キャパシタンスを求めなさい．

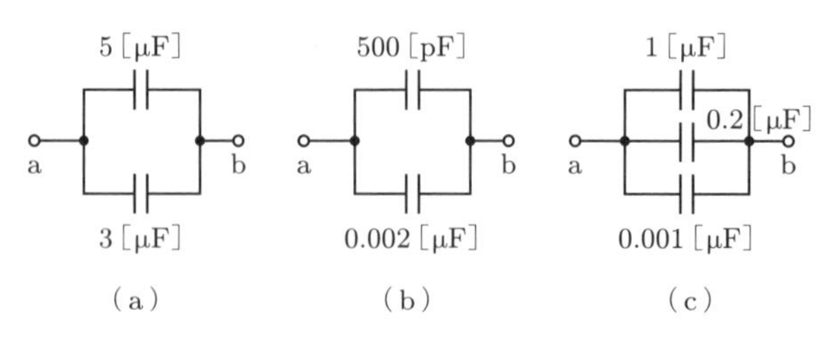

図 9.6

9.2 図 9.7 の直列接続されたコンデンサの端子 a, b 間の合成キャパシタンスを求めなさい.

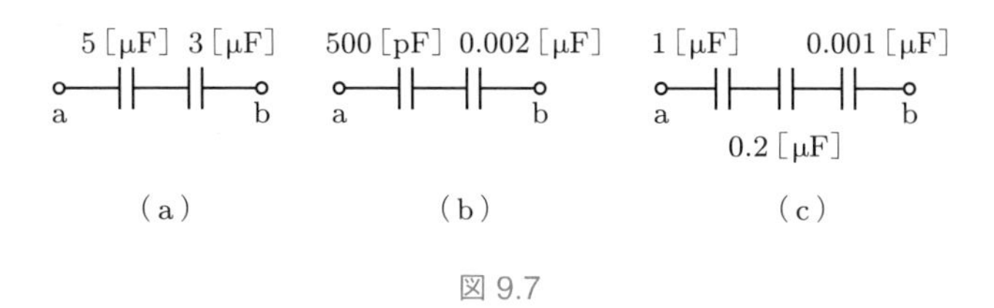

図 9.7

9.3 図 9.8 の直並列接続されたコンデンサの端子 a, b 間の合成キャパシタンスを求めなさい.

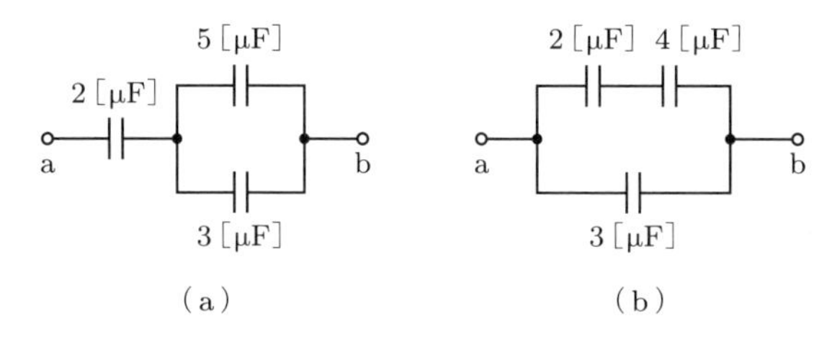

図 9.8

誘電体

10.1 誘電体とキャパシタンス

導体板を平行に対向させたコンデンサのキャパシタンスは，導体板が真空中にあれば，導体板（電極）の対向面積を $S\,[\mathrm{m}^2]$，板の間隔を $D\,[\mathrm{m}]$，真空の誘電率を $\varepsilon_0\,[\mathrm{F/m}]$ とすれば，式 (8.5) より，

$$C_0 = \varepsilon_0 \frac{S}{D} \quad [\mathrm{F}] \tag{10.1}$$

となるが，電極間を図 10.1 のように絶縁体で満たすと，キャパシタンスは式 (10.1) の値よりもいちじるしく大きくなる．キャパシタンスの増え方は絶縁体の種類によって異なり，2〜3 倍から数千倍になるものまである．絶縁体を満たしたコンデンサのキャパシタンスを $C\,[\mathrm{F}]$ とし，C と C_0 との比を

$$\frac{C}{C_0} = \varepsilon_\mathrm{r} \quad \text{（無次元，したがって無単位）} \tag{10.2}$$

とすると，ε_r はその絶縁体の**比誘電率**とよばれる値になる．いいかえれば，コンデンサの電極の間を比誘電率が ε_r の絶縁体で満たすと，そのキャパシタンスは電極間が真空のときの ε_r 倍になる．表 10.1 に，いろいろな絶縁体の比誘電率の値を示す．

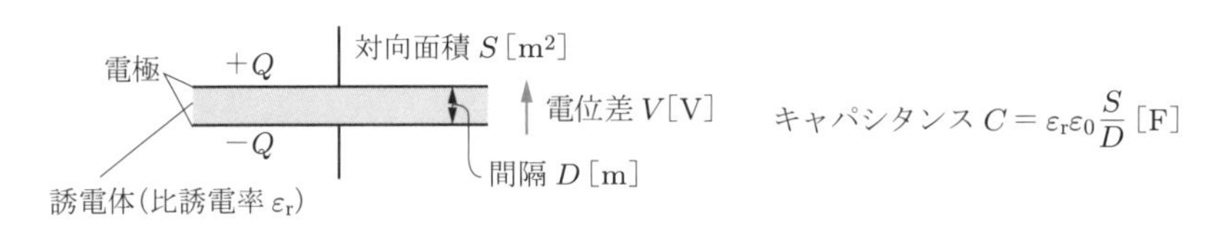

図 10.1　誘電体入りのコンデンサ

比誘電率 ε_r を用いると，キャパシタンス C の値は次のように表される．

$$C = \varepsilon_\mathrm{r}\varepsilon_0 \frac{S}{D} \quad [\mathrm{F}] \tag{10.3}$$

キャパシタンスが大きくなるということは，電極間の電位差を同じにしたときに，絶縁体があると電極に蓄えられる電荷量が真空のときよりも多くなることを意味する．このように絶縁体を電極間に満たすと，真空のときよりも多くの電荷を誘発する

表 10.1 絶縁体の比誘電率の例

種類	物質	比誘電率 ε_r
固体	雲母	5〜8
	コハク	2.8
	パラフィン	1.9〜2.2
	木材	2.5〜7
	ガラス	5〜16
	石英ガラス	4
	磁器	6
	酸化チタン磁器	100
	チタン酸バリウム磁器	1500
	チタン酸バリウム－ストロンチウム磁器	12000
	ポリスチロール	2〜2.5
	ポリ塩化ビニル	3.5

種類	物質	比誘電率 ε_r
液体（20℃）	純水	81.57
	エチルアルコール	24
	パラフィン油	4.6〜4.8
	ワセリン油	1.9
	四塩化炭素	2.2
	二硫化炭素	2.6
気体（0℃, 1 気圧）	空気	1.000594
	酸素	1.00055
	窒素	1.00061
	炭酸ガス	1.00096
	水素	1.00026
	ヘリウム	1.000074

という意味で，絶縁体は**誘電体**ともよばれる．

キャパシタンスが増大することは上記のようにも考えられるが，逆に，同じ量の電荷を電極に与えたときに，電極間の電位差が真空のときよりも小さくなるということでもある．これは誘電体が電界のなかにあるときに起こる次のような現象による．

10.2 誘電体の分極

誘電体に電界が加わっていないときは，誘電体を構成している原子あるいは分子の正電荷の中心と負電荷の中心とが図 10.2(a) のように互いに重なっていて，外部からは電荷がないように見えるが（重なっていない分子もある），外部から電界が加わると，各電荷は力を受けて図 (b) のように正電荷は電界の方向へ，負電荷は電界と反対の方向へ少し位置がずれる（はじめから正負が重なっていない分子は向きを変える）．誘電体の内部では正負の電荷の中心がずれても，それらの分布の密度は等しいから電荷の作用は外部には現れないが，誘電体の端面では図 10.3 のように，電気力線の入る面では負の電荷，電気力線の出るほうの面では正の電荷が現れる．これは図 10.4 の

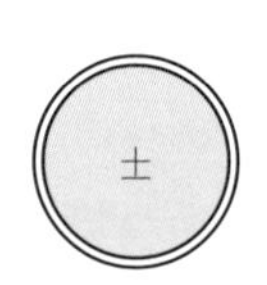

（a）電界のないとき（中性）

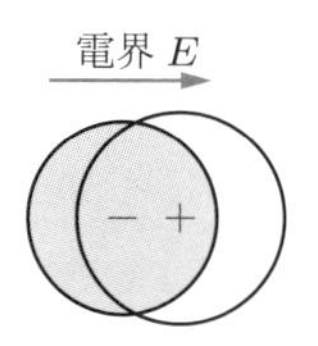

（b）電界のあるとき（分極）

図 10.2 原子または分子の分極のモデル

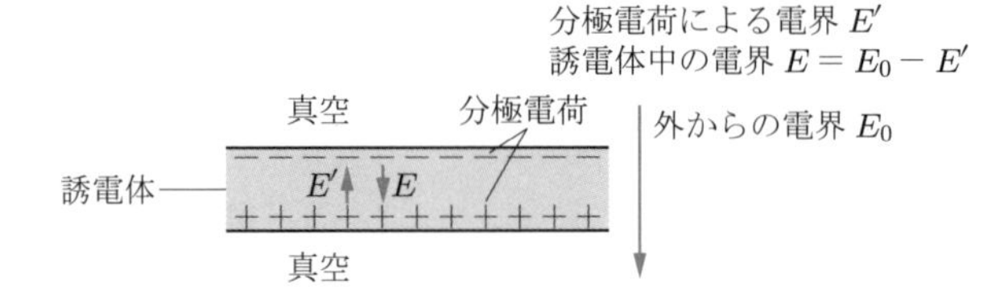

図 10.3　電界による誘電体の分極

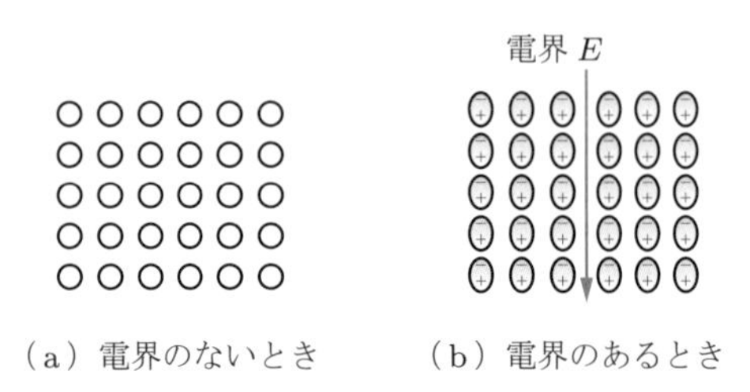

図 10.4　誘電体の分極のモデル

ようなモデルを考えるとわかりやすい．

このような現象は誘電体の**分極**とよばれる．誘電体の両端面に現れた正負の電荷は，導体の場合のような自由電子によるものではないから，誘電体のなかを移動したり，外部に取り出したりすることはできない．このような電荷は**分極電荷**とよばれる．

誘電体の端面に現れた分極電荷は，図 10.3 のように，外から加わった電界 E_0 とは反対の向きの電界 E' を誘電体のなかに生じる．したがって，この電界 E' はもとの電界を弱め，誘電体中の電界の強さ E は

$$E = E_0 - E' \quad [\mathrm{V/m}] \tag{10.4}$$

になる．普通の誘電体では，E_0 があまり大きくないかぎり，E' は E_0 にほぼ比例するので，比例の定数を χ_e（カイ）として

$$E' = \chi_e E_0 \quad [\mathrm{V/m}] \tag{10.5}$$

と表される．χ_e はその誘電体の**分極率**とよばれ，1 より小さい数である．これを使うと，式 (10.4) は次のように表される．

$$E = E_0 - \chi_e E_0 = (1 - \chi_e) E_0 \tag{10.6}$$

10.3 キャパシタンス増大の機構

平行平面導体板のコンデンサを作ったとき，電極間が図 10.5(a) のように真空ならば，そのキャパシタンス C_0 は式 (10.1) のようになり，電極に $\pm Q_0$ [C] の電荷を与えれば，電極間の電位差は $V_0 = Q_0/C_0$ [V] になる．ところが，図 10.5(b) のように電極間に誘電体が入ると，電界は $E = (1-\chi_e)E_0$ に減るから，電極間の電位差も $V = ED = (1-\chi_e)E_0 D = (1-\chi_e)V_0$ となって，同じ割合で減る．したがって，キャパシタンス C は，

$$C = \frac{Q_0}{V} = \frac{Q_0}{(1-\chi_e)V_0} = \frac{1}{1-\chi_e}C_0 \tag{10.7}$$

に増大する．

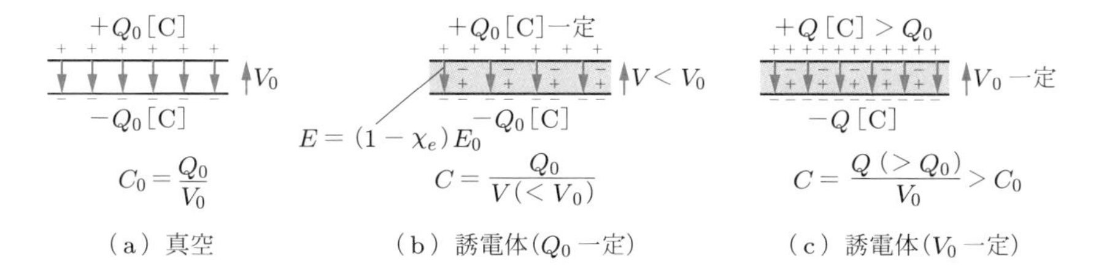

図 10.5　誘電体によるキャパシタンス増大の機構

また，図 10.5(c) のように電極間の電位差を一定値 V_0 に保とうとすれば，電極に与える電荷を $Q = Q_0/(1-\chi_e)$ [C] に増大させなければならないから，やはりキャパシタンス C は式 (10.7) のようになる．

10.4 比誘電率，誘電率

式 (10.3) と式 (10.7) とは同じ関係を表すものだから，両式を比べると

$$\varepsilon_r = \frac{1}{1-\chi_e} \quad (\geqq 1) \tag{10.8}$$

となる．真空中では分極はないので，$\chi_e = 0$ になり，比誘電率 ε_r は最小値 1 になる．

誘電体があるときの式 (10.3) のキャパシタンスを式 (10.1) のように書くと，

$$C = \varepsilon_r \varepsilon_0 \frac{S}{D} = \varepsilon \frac{S}{D} \quad \text{[F]} \tag{10.9}$$

となる．

$$\varepsilon = \varepsilon_r \varepsilon_0 \quad \text{[F/m]} \tag{10.10}$$

をこの誘電体の**誘電率**という．

演習問題

10.1 厚さ 0.2 [mm]，比誘電率 $\varepsilon_r = 6$ の誘電体膜の両面に向かい合わせ，面積 2 [cm^2] の金属膜を貼りつけたコンデンサのキャパシタンスはいくらか？

10.2 図 10.6 のようなコンデンサで，1 枚の電極板の面積は 5 [cm^2]，誘電体の厚さは 0.02 [mm]，比誘電率は 6 である．キャパシタンスはいくらか？

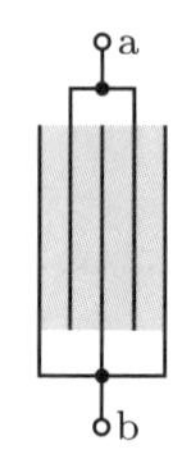

図 10.6

10.3 図 10.7 のように，対向面積が 20 [cm^2] の電極の間に，厚さがそれぞれ 0.1 [mm] ずつで，比誘電率が $\varepsilon_{r1} = 3$ および $\varepsilon_{r2} = 6$ の 2 種の誘電体膜 1, 2 を挟んだコンデンサのキャパシタンスはいくらになるか？

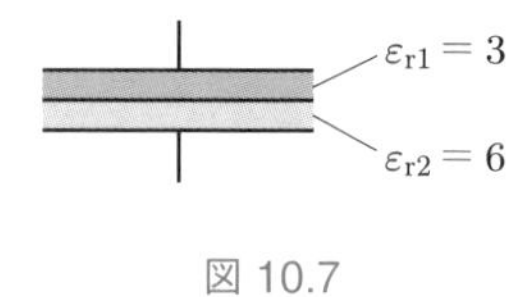

図 10.7

10.4 【演習問題 10.3】のコンデンサの電極間に 100 [V] の電位差を与えたときに，電極に蓄えられる電荷量 Q はいくらか？ また，各誘電体 1, 2 のなかの電界の強さ E_1, E_2 はそれぞれいくらになるか？

10.5 断面が図 10.8 のような同軸円筒ケーブルがある．内導体の外半径は $a = 1$ [mm]，外導体の内半径は $b = 3$ [mm]，内外導体間には比誘電率 $\varepsilon_r = 3$ の誘電体が満たされている．長さ 1 [m] のケーブルの内外導体間のキャパシタンス C_0 の値はいくらになるか？

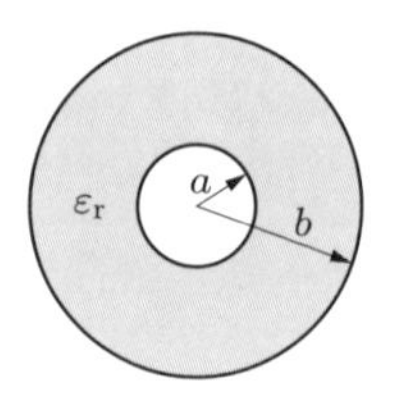

図 10.8

10.6 【演習問題 10.5】のケーブルの内外導体間に電位差 1000 [V] があるときは，内または外導体の長さ 1 [m] に蓄えられている電荷 Q_0 はいくらか？ また，内導体表面の電界の強さはいくらになるか？

10.7 【演習問題 10.5】で，内外導体の半径 a, b を同時に n 倍にしたら，C_0 の値はいくらになるか？

10.8 同軸円筒導体があり，内導体の外半径 $a = 1$ [cm]，外導体の内半径 $b = 3$ [cm] のとき，内外導体間に 10^5 [V] の電位差を与えたら，内導体表面の電界の強さはいくらになるか？

10.9 【演習問題 10.8】で，内導体の表面から半径 $r = 2$ [cm] のところまで図 10.9 のように比誘電率 $\varepsilon_r = 3$ の誘電体を満たし（その外側は空気）たら，内外導体間に 10^5 [V] の電位差を与えたとき，内導体表面の電界の強さはいくらになるか？ この値を【演習問題 10.8】の場合と比べなさい．

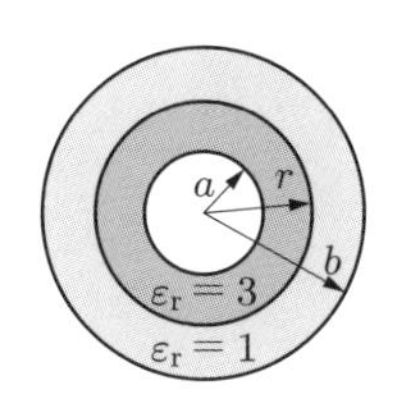

図 10.9

電界のエネルギーと静電気力

11.1 コンデンサに蓄えられるエネルギー

キャパシタンス C [F] のコンデンサの電極に $\pm q$ [C] の電荷が蓄えられていると，両電極間には $V = q/C$ [V] の電位差ができる．そこで，両電極間に図 11.1 のように導電性のもの（電気抵抗など）を接続すると，そのなかに電界ができるから，内部の電荷（たとえば正電荷と仮定する）は電界によって力を受けて，高電位の正電荷（+）の電極から低電位の負電荷（−）の電極に向かって動く．いま，+ 極から少量の正電荷 Δq [C] が電位差 V [V] の間を − 極に向かって運ばれると，電位差の定義によって，電荷 Δq は $\Delta W = V \Delta q$ [J] の仕事（エネルギー）を受け取る．このエネルギーはコンデンサから供給される．

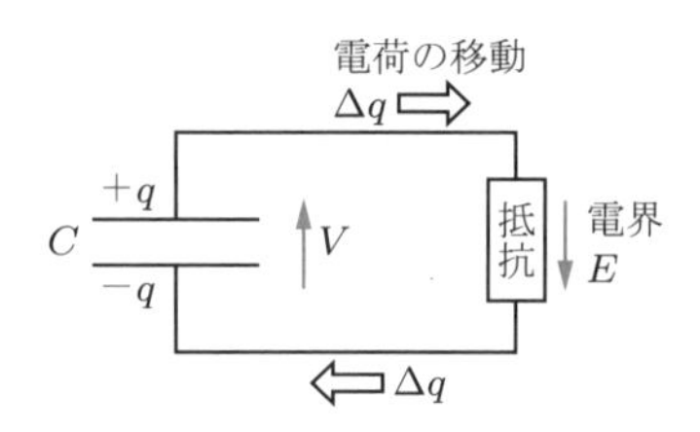

図 11.1　コンデンサの放電

また，$+\Delta q$ の電荷が + 極から − 極に移ると，+ 極にあった $+q$ [C] の電荷は $+(q - \Delta q)$ [C] に減り，− 極にあった $-q$ [C] の電荷は $-q + \Delta q = -(q - \Delta q)$ [C] となって，正負両電荷ともに同量の Δq だけ減る．したがって，電位差 V も $\Delta q/C$ [V] だけ減少する．

電位差がある間は電荷は導体を通して + 極から − 極へ移動するから，両電極の電荷 q は時間とともに減少して（**放電**），ついになくなる．つまり，正負の電荷がまったく中和してなくなってしまう．それまでに，電荷が受けた仕事（エネルギー）はすべて，はじめにコンデンサに蓄えられていたものにほかならない．

逆に，電荷がまだ蓄えられていないコンデンサに電荷を蓄えるには，図 11.2 のように，外部の電源によって，− 極から電荷を取り出してコンデンサの電位差に逆らって + 極に与えなければならない（**充電**）．充電のために，微小正電荷 $\mathrm{d}q$ [C] を V [V]

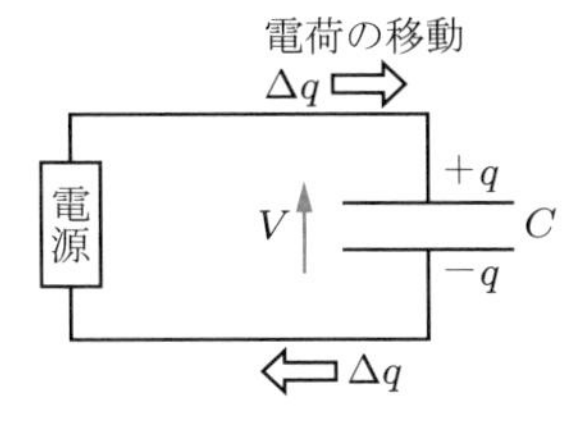

図 11.2　コンデンサの充電

の電位差に逆らって − 極から + 極へ運ぶための仕事 $\mathrm{d}W$ は，

$$\mathrm{d}W = V\mathrm{d}q \quad [\mathrm{J}]$$

である．電位差 V は電極の電荷 $\pm q$ が増えるに従って，それに比例して $V = q/C$ のように増えていく．それに従って，エネルギーが蓄えられていく．電極の電荷 q が 0 から Q [C] になるまでに電源からコンデンサに供給される全エネルギー W は，上記の $\mathrm{d}W$ を電荷 q が 0 から Q [C] になるまで足しあわせ（積分）ると得られる．すなわち，

$$W = \int_{q=0}^{q=Q} \mathrm{d}W = \int_{q=0}^{q=Q} V\mathrm{d}q = \frac{1}{C}\int_0^Q q\mathrm{d}q = \frac{1}{C}\left[\frac{q^2}{2}\right]_0^Q = \frac{1}{2}\frac{Q^2}{C} \quad [\mathrm{J}] \tag{11.1}$$

となる．あるいは，$Q = CV$ の関係を使えば，

$$W = \frac{1}{2}\frac{Q^2}{C} = \frac{1}{2}QV = \frac{1}{2}CV^2 \quad [\mathrm{J}] \tag{11.2}$$

となる．すなわち，キャパシタンス C のコンデンサには，式 (11.1) または式 (11.2) のようなエネルギーが蓄えられていることになる．

11.2　電界に蓄えられるエネルギー

11.1 節で述べたコンデンサに蓄えられるエネルギーは，どの部分にどのような形で蓄えられているのだろうか．一つには，次のように考えられる．コンデンサの両電極の正負の電荷の間には静電気力が作用しているから，両電極は互いに吸引しあっているはずだが，それを一定の間隔に支えているわけである．もし両電極が近づくことができるとすれば，両電極が互いに接触するまでに外部に対して仕事をすることができるから，位置のエネルギーが蓄えられていると考えることもできる．

しかし，次のように考えることができる．いま，簡単のために図 11.3 のような**平行平面電極のコンデンサ**を考えると，電界は電極板の間に電極面に直角に一様な強さで

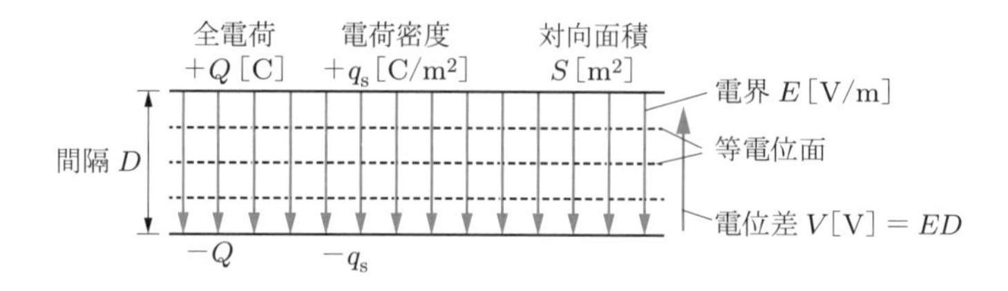

図 11.3 平行平面電極コンデンサの電極間の電界

分布する．したがって，電極面に平行な面はすべて等電位面（7.5 節）であって，仮に厚さのない導体板を電極面に挿入したとしても，これは等電位面に一致するから，導体板のなかでは面に沿っての電荷の移動はなく，電界の分布はまったく変わらない．このような導体板を電極間に多数挿入したとしても，また，導体板をこまかく分割したとしても，やはり電界の分布は変わらないはずなので，コンデンサのキャパシタンスも変わらない．

そこでもし，厚さのない導体板を図 11.4 のように電界を乱さないようにして多数挿入し，等しい形の微小な空間に区切ったと考えると，コンデンサはこまかく分けた導体板の間にできる等しいキャパシタンスの微小コンデンサを多数，電界の方向には直列に，等電位面の方向には並列に接続したのと同じことになる．全体の電界が一様で，各微小コンデンサの電荷と電位差も等しくなるので，それぞれに蓄えられるエネルギーも等しくなる．したがって，コンデンサの電極間の空間には一様な密度でエネルギーが蓄えられていると考えることができる．

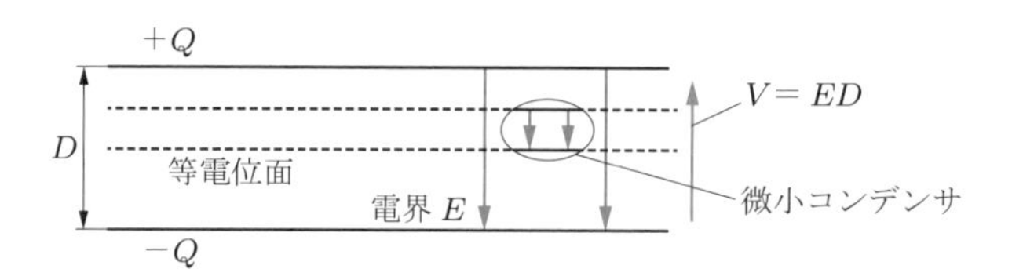

図 11.4 等電位面を電極とする微小コンデンサの集合としての平行平面電極コンデンサ

コンデンサの電極の対向面積を $S\,[\mathrm{m}^2]$，間隔を $D\,[\mathrm{m}]$ とすれば，電界のある空間の体積は $SD\,[\mathrm{m}^3]$ だから，式 (11.2) のコンデンサに蓄えられたエネルギー W を体積 SD で割れば，単位体積中のエネルギー，すなわち**エネルギー密度** w は，

$$w = \frac{W}{SD} = \frac{1}{2}C\frac{V^2}{SD} \quad [\mathrm{J/m^3}]$$

となる．また，電極間の誘電体の誘電率を $\varepsilon = \varepsilon_0\varepsilon_\mathrm{r}$ とすれば，キャパシタンス C は，

$$C = \varepsilon\frac{S}{D} \quad [\mathrm{F}]$$

であり，電極間の電界の強さを $E\,[\mathrm{V/m}]$ とすれば，電極間の電位差 V は，

$$V = ED \quad [\mathrm{V}]$$

となるので，上記のエネルギー密度 w は，

$$w = \frac{1}{2}\varepsilon\frac{S}{D}\frac{E^2D^2}{SD} = \frac{1}{2}\varepsilon E^2 \quad [\mathrm{J/m^3}] \tag{11.3}$$

となる．以上は簡単のために平行平面電極のコンデンサについて考えたが，一般に，誘電率が $\varepsilon\,[\mathrm{F/m}]$ の空間に $E\,[\mathrm{V/m}]$ の強さの電界があるときには，その場所には式 (11.3) で表される密度のエネルギーが蓄えられていると考えることができる．

11.3　導体表面に作用する静電気力

2 枚の導体板を図 11.5 のように向かいあわせて，それぞれに $+Q$, $-Q\,[\mathrm{C}]$ の電荷を与えれば，正負の電荷をもった両導体板は当然静電気力によって吸引しあうはずである．その吸引力はいくらになるのか．両導体板が互いに平行ならば，導体表面の電荷密度は $q_\mathrm{s} = Q/S$（S は対向面積）$[\mathrm{C/m^2}]$ だから，両導体板の間には一様な電界 $E = q_\mathrm{s}/\varepsilon$（$\varepsilon$ は空間の誘電率）$[\mathrm{V/m}]$ ができる．

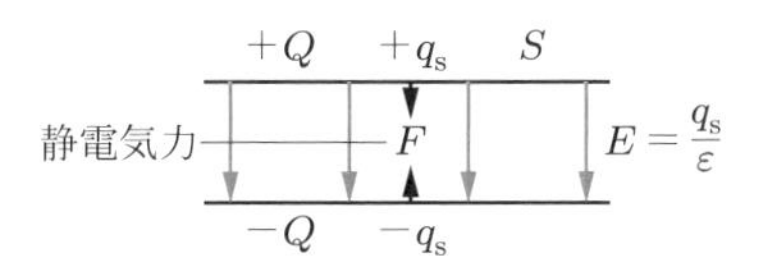

図 11.5　向かいあった導体間にはたらく静電気力

少し考えると，導体板に作用する静電気力は $F = QE\,[\mathrm{N}]$，あるいは単位面積あたり $F_0 = q_\mathrm{s}E\,[\mathrm{N/m^2}]$ になりそうだが，各導体板の裏側には電界はなく，q_s が電界 E のなかにあるのとは違うので，$q_\mathrm{s}E$ とはならない．

これについては，次のように考えることができる．図 11.6 のように，導体表面のある部分に表面密度 $q_\mathrm{s}\,[\mathrm{C/m^2}]$ の電荷が分布しているものとし，導体外部の空間の誘電率を $\varepsilon = \varepsilon_\mathrm{r}\varepsilon_0\,[\mathrm{F/m}]$ とすれば，導体表面に接する外部空間にできる電界の強さは（図 7.7 参照），式 (7.1) の ε_0 を ε として（真空または空気ならば ε_0 でよい），次のようになる．

$$E = \frac{q_\mathrm{s}}{\varepsilon} \quad [\mathrm{V/m}] \tag{11.4}$$

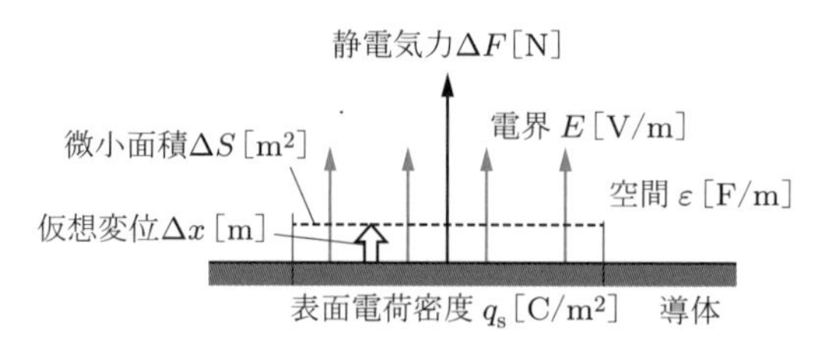

図 11.6 導体表面の仮想変位と静電気力

いま，この表面に，この電界によって外向きに単位面積あたり F_0 [N/m^2] の静電気力が作用するものと考えて，F_0 の大きさを求める．図 11.6 のように，この表面の微小面積 ΔS [m^2] の部分が電界による力 $F = F_0 \Delta S$ [N] によって，面の法線の方向に微小距離 Δx [m] だけ変位したと仮想すると（**仮想変位**という），電界は導体面に，

$$\Delta W = F\Delta x = F_0 \Delta S \Delta x \quad [\mathrm{Nm}] = [\mathrm{J}]$$

の仕事をしたことになる．

一方，面が変化する前に変位した体積 $\Delta S \Delta x$ [m^3] の空間に蓄えられていた電界のエネルギー W_1 は，式 (11.3) によって，

$$W_1 = \frac{1}{2}\varepsilon E^2 \Delta S \Delta x \quad [\mathrm{J}]$$

となる．変位したあとに同じ体積内に蓄えられるエネルギー W_2 は，この部分が導体に変わって電界がなくなるから，

$$W_2 = 0$$

になる．したがって，この仮想変位によって変位の体積 $\Delta S \Delta x$ [m^3] 内で減少したエネルギー ΔW は，

$$\Delta W = W_1 - W_2 = \frac{1}{2}\varepsilon E^2 \Delta S \Delta x \quad [\mathrm{J}]$$

であるが，このエネルギーが上記の表面を動かす仕事に変わったと考えられるから，

$$F_0 \Delta S \Delta x = \frac{1}{2}\varepsilon E^2 \Delta S \Delta x$$

が成り立つ．したがって，単位面積に作用する静電気力 F_0 は，

$$F_0 = \frac{1}{2}\varepsilon E^2 \quad [\mathrm{N/m^2}] \tag{11.5}$$

あるいは，

$$F_0 = \frac{1}{2} q_s E \quad [\mathrm{N/m^2}]$$

となる．すなわち，導体の単位面積に作用する静電気力は，導体に接する空間に蓄えられている電界のエネルギー密度の値に等しく，電界の方向にかかわらず導体表面を吸引する方向にはたらく．この値は，はじめに考えた値 $q_s E$ の半分である．

このことは，次のようにも考えられる．はじめに考えた図 11.5 の状態は，導体を考えないで，図 11.7 のように $+q_s$ $[\mathrm{C/m^2}]$ の密度の平面状電荷と $-q_s$ $[\mathrm{C/m^2}]$ の密度の平面状電荷とが平行にあるとき，それぞれの平面電荷からは面の両側に等しい密度で電気力線が出るのと同じである．$+-$ 各平面電荷の両側には，それぞれ等しい一様な電界 $E_+ = (1/2)(q_s/\varepsilon)$, $E_- = -(1/2)(q_s/\varepsilon)$ の電界ができると考えられる．2 枚の平面電荷の外側では E_+ と E_- とは反対向きだから，合成電界は $E_+ + E_- = 0$ になるが，両平面電荷に挟まれている空間の両電界は同じ方向を向いているから重なって，$E_+ + E_- = q_s/\varepsilon$ となって，図 11.5 の電界と同じになる．そこで，図 11.7 に戻って，$+q_s$ の電荷面にある電界は $-q_s$ の電荷による電界 $-(1/2)(q_s/\varepsilon) = -(1/2)E$ だから，$+q_s$ に作用する静電気力は単位面積あたり

$$F_0 = q_s \times -\frac{1}{2} E = -\frac{1}{2} q_s E \quad [\mathrm{N/m^2}]$$

で下方に向かい，$-q_s$ の電荷面にある電界は $+q_s$ の電荷による電界 $-(1/2)(q_s/\varepsilon) = -(1/2)E$ だから，$-q_s$ に作用する静電気力は単位面積あたり

$$F_0 = -q_s \times -\frac{1}{2} E = \frac{1}{2} q_s E \quad [\mathrm{N/m^2}]$$

で，上方に向かうことになり，エネルギー密度で考えた結果と同じになる．

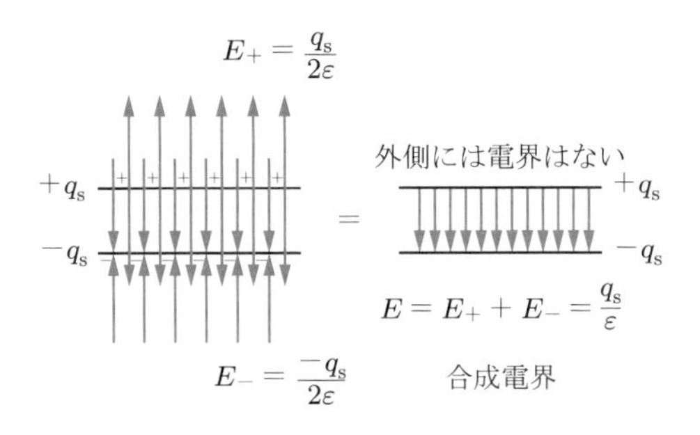

図 11.7 平行な正負の面電荷による電界

演習問題

11.1 キャパシタンス 500 [μF] のコンデンサに電位差 1000 [V] を与えたら，いくらのエネルギーが蓄えられているか？

11.2 10000 [V] の電位差で 1 [J] のエネルギーをコンデンサに蓄えるには，そのキャパシタンスをいくらにしたらよいか？

11.3 キャパシタンスがそれぞれ C_1, C_2 [F] の二つのコンデンサをほかの電源によってそれぞれ電位差 V_1, V_2 [V] に充電したあと，どちらも電源から切り離し，両者を並列に接続したら（図 11.8），共通の電位差 V はいくらになるか（接続に 2 通りある）？

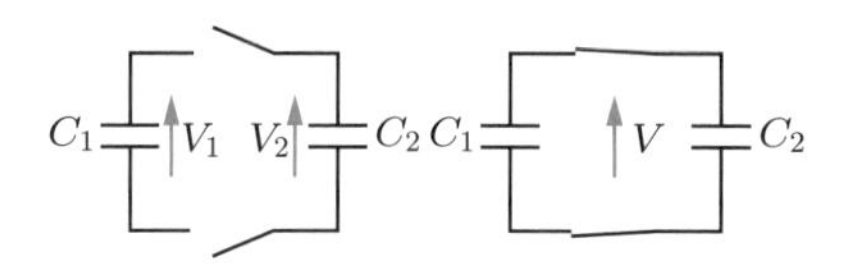

図 11.8

11.4 【演習問題 11.3】で，両コンデンサを互いに接続する前に両者に蓄えられていた全エネルギー W と，接続後に蓄えられている全エネルギー W' とを比較したら，どちらが大きいか？ 違いがあるとすれば，その差はどこから来たのか，またはどこへ行ったと考えられるか？ また，違いがないときがあるか，あればそれはどのような場合か？

11.5 対向面積 S の 2 枚の平行平面電極の間隔を D にして，両電極に $\pm Q$ の電荷を与えたあとで外部電源から切り離し，電極間隔を $2D$ まで引き離したら（Q は一定），電極間の電位差 V と電極間に蓄えられているエネルギー W とはどのように変わるか？ エネルギーが変わったとすれば，それはどこから来たのか，またはどこへ行ったのか？

11.6 【演習問題 11.5】で，電極間隔を D にして両電極間の電位差 V を外部電源によって与えたときと，電源を切り離さずに V を一定に保ったまま間隔を $2D$ に引き離したら，電極に蓄えられている電荷量と，電極間に蓄えられているエネルギーはどのように変わるか？ エネルギーが変わったとすれば，それはどこから来たのか，またどこへ行ったのか？

11.7 厚さ 0.1 [mm]，比誘電率 $\varepsilon_r = 5$ の誘電体膜を挟んで電極板が貼りつけてある．電極間に 100 [V] の電位差を与えたときに，誘電体のなかのエネルギー密度は何 [J/m^3] になるか？

11.8 【演習問題 11.7】で，誘電体が受ける圧力は何 [N/m^2] = [P$_a$] になるか？

11.9 対向面積 50 [cm^2]，間隔 1 [mm] の平行平面電極間に 1000 [V] の電位差を与えたら，電極板が互いに引きあう静電気力はいくらか？ ただし，電極間は空気とする．

11.10 【演習問題 11.9】で，電極板間の吸引力を 1 [N] にするには，電極間の電位差をいくらにすればよいか？ また，電位差を 1000 [V] に保つとすれば，電極間隔をいくらにすればよいか？

第12章 導体中の電流

12.1 電流と電流密度

導体のなかに電界があると，導体中の多数のキャリア（金属導体では伝導電子）が電界から静電気力を受けて動くから，電荷の流れができる．これを電流という．キャリアはそれぞれ個々の粒子状の電荷ではあるが，きわめて多数なので，電流を考えるときは連続的に空間に分布している電荷として考えることができる．

図 12.1 のように，導体の一つの断面 S を，移動する電荷が単位時間に通過する時間的割合を，**電流**の大きさと定義している．いま，微小時間 $\mathrm{d}t$ [s] の間に断面 S を一方向に通過する全電荷量が $\mathrm{d}q$ [C] ならば，断面 S を通る電流の大きさ I は

$$I = \frac{\mathrm{d}q}{\mathrm{d}t} \quad [\mathrm{C/s}] = [\mathrm{A}]\ (アンペア) \tag{12.1}$$

であり，正の電荷の通過する方向を電流の方向と決めている．したがって，金属導体では流動するのが負電荷をもつ電子なので，電流の方向は電子の流動とは反対の方向になる．

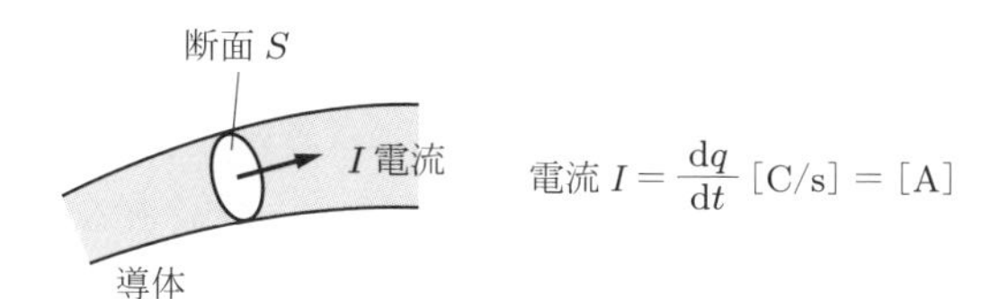

図 12.1　導体を流れる電流

電荷が導体内を平均的に流動する割合は，導体内の場所によって一般には異なる．ある点での電荷の流動する方向に直角な微小面積 $\mathrm{d}S$ [m^2] を通過する電流の大きさが $\mathrm{d}I$ [A] のとき（図 12.2），

$$J = \frac{\mathrm{d}I}{\mathrm{d}S} \quad [\mathrm{A/m^2}] \tag{12.2}$$

をその点での**電流密度**という．正電荷の流動する方向を電流密度の方向とする．したがって，図 12.3 のように，断面積が一定で S [m^2] の導体のなかを一様な密度で電流が流れているときに，導体を通る電流が I [A] ならば，導体中の電流密度 J は，導体

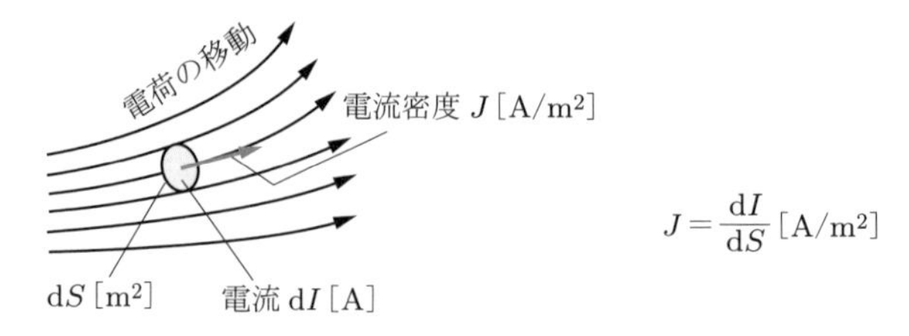

図 12.2 電流密度 J

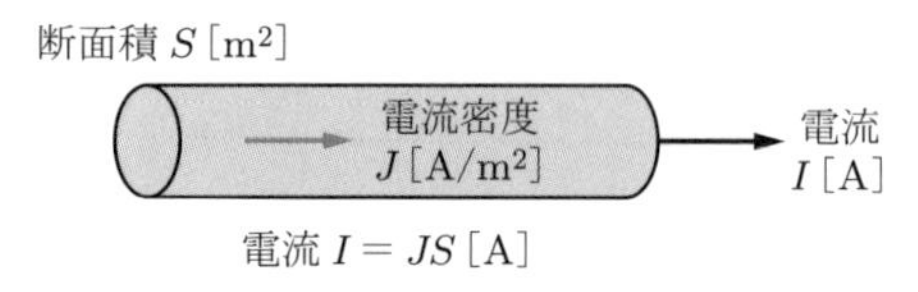

図 12.3 均質一様断面の導体

内のあらゆるところで

$$J = \frac{I}{S} \quad [\mathrm{A/m^2}] \tag{12.3}$$

となる．あるいは逆に，電流密度が $J\,[\mathrm{A/m^2}]$ ならば，全電流 I は，

$$I = JS \quad [\mathrm{A}] \tag{12.3$'$}$$

になる．

12.2 金属導体中の電流

金属導体中の電荷の移動については 7.3 節に述べたが，もう少し詳しく述べよう．金属導体内の自由電子（伝導電子）は電荷を運ぶキャリアであるが，電界がないときも静止しているわけではなく，個々の電子はそのときの導体の温度に相当する熱速度で周囲の原子に衝突しながら不規則に**勝手な運動**（ランダム運動）をしている．これらの電子はそれぞれ無関係に勝手な運動をしているので，全体としては流動していないように見える（**熱雑音**としては現れる）．この熱運動の速度は，実は常温では電界で加速されて得られる速度よりも桁違いに速いもので，導体中に電界があっても，電界によってはわずかな加速が生じるだけで，その加速によって電子が得たエネルギーは原子に衝突するごとに失われるので，特別強くない電界中では電子は平均として加速せずに，電界にほぼ比例した速度で流動する．この電界による個々の電子の移動を総合したものが電流として現れる．

導体中の 1 個のキャリアの電荷を $q_0\,[\mathrm{C}]$（電子では $-e$），キャリアの電界方向への平均移動速度を $v\,[\mathrm{m/s}]$，単位体積中のキャリアの数（キャリア密度）を $n\,[個/\mathrm{m^3}]$ と

すれば，単位面積を単位時間に通過する電荷量，すなわち電流密度 J は

$$J = q_0 n v \quad [\mathrm{A/m^2}] \tag{12.4}$$

と表すことができる．

また，$q_0 n$ は単位体積中の電荷の量（電荷の体積密度）q_V $[\mathrm{C/m^3}]$ に等しい．すなわち，

$$q_V = q_0 n \quad [\mathrm{C/m^3}] \tag{12.5}$$

となる．これを用いれば，式 (12.4) は次のようにも表せる．

$$J = q_V v \quad [\mathrm{A/m^2}] \tag{12.6}$$

ところで，さきに金属導体中の伝導電子は熱運動によって金属原子に衝突しながら，電界によって全体として移動するので，平均として電界にほぼ比例した速度で移動することを述べた．そこで，比例定数を μ として，電界 E $[\mathrm{V/m}]$ と**移動速度** v $[\mathrm{m/s}]$ との関係を次のように表すことができる．

$$v = \mu E \quad [\mathrm{m/s}] \tag{12.7}$$

比例定数 μ $[\mathrm{m^2/(Vs)}]$ はキャリアの**移動度**とよばれる．μ は電界に対するキャリアの動きやすさを示すもので，導体の物質によっても，温度によっても異なる．式 (12.7) の値を用いれば，式 (12.4) は次のように表せる．

$$J = q_0 n \mu E \quad [\mathrm{A/m^2}] \tag{12.8}$$

q_0, n, μ は定数だから，上の関係は電流密度 J が電界の強さ E に比例することを表している．

そこで，

$$q_0 n \mu = \sigma \quad [\mathrm{A/(Vm)}] = [\mathrm{S/m}] \tag{12.9}$$

とおくと，式 (12.8) は次のように表される．

$$J = \sigma E \quad [\mathrm{A/m^2}] \tag{12.10}$$

σ（シグマ）は**導電率**とよばれる．

また，導電率 σ の逆数を ρ（ロー）で表し，**抵抗率**という．すなわち

$$\rho = \frac{1}{\sigma} \quad [\mathrm{Vm/A}] = [\Omega\mathrm{m}] \tag{12.11}$$

抵抗率 ρ を用いると，式 (12.10) は次のように表される．

$$J = \frac{E}{\rho} \quad [\mathrm{A/m^2}] \tag{12.12}$$

演習問題

12.1 ある導線に 3 [A] の電流が流れている．1 [s] の間に断面を通過する電荷量は何 [C] か？また，それは電子何個分に相当するか？

12.2 直径 1 [mm] の円形断面の導線に 3 [A] の電流が流れている．導線中の電流密度はいくらか？

12.3 ある銅線のなかに温度上昇のために許される限度の電流密度が 10^7 [A/m^2] とすると，直径 1 [mm] の円形断面の銅線には何 [A] までの電流が許されるか？

12.4 ある金属導体内の伝導電子の密度が 10^{24} [個/m^3] とすると，これは何 [C/m^3] に相当するか？

12.5 断面積が 1 [mm^2] の銅線に 1 [A] の電流が流れているとき，銅線中の伝導電子の密度が 10^{28} [個/m^3] だとすれば，伝導電子の平均移動速度はいくらになるか？

12.6 【演習問題 12.5】で，銅線の長さ 10 [cm] の間の電位差が 1.80 [mV] であったとすると，このときの電子の移動度はいくらか？

12.7 【演習問題 12.5, 12.6】の銅線材料の抵抗率はいくらか？

12.8 断面積 20 [mm^2]，長さ 50 [cm] の金属棒に電流 1 [A] を流したら，棒の両端間の電位差が 0.70 [mV] であった．この金属の抵抗率はいくらか？

第13章 電気抵抗

13.1 抵抗率と電気抵抗

図 13.1 のような，断面積 $S\,[\mathrm{m}^2]$ が一定で，長さが $l\,[\mathrm{m}]$ の均質な金属導体の棒を考える．両端面間の電位差が $V\,[\mathrm{V}]$ で，左側が高電位で，電流 $I\,[\mathrm{A}]$ が右向きに流れているものとする．

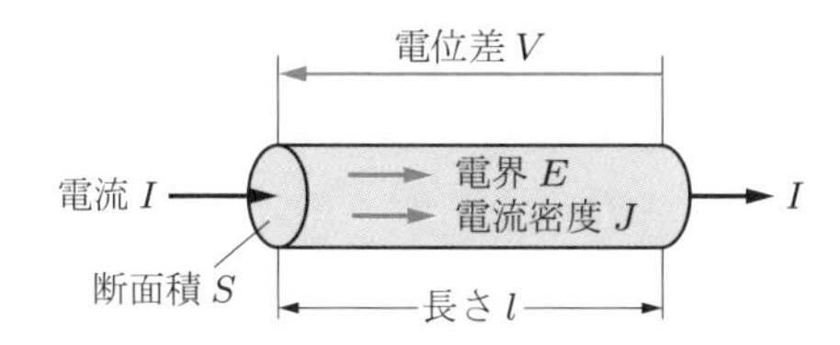

図 13.1　導体内の電界と電流密度および電位差と電流

この導体材料の抵抗率を $\rho\,[\Omega\mathrm{m}]$ とすれば，材料が均質だから，導体内の電界の強さ E はあらゆるところで一様と考えられ，その大きさは，

$$E = \frac{V}{l} \quad [\mathrm{V/m}] \tag{13.1}$$

となる．したがって，導体内の電流密度 J もあらゆるところで一様で，その大きさは，式 (12.12) より

$$J = \frac{E}{\rho} \quad [\mathrm{A/m}^2] \tag{13.2}$$

となる．一方，電流密度 J は単位断面積あたりの電流なので，

$$J = \frac{I}{S} \quad [\mathrm{A/m}^2] \tag{13.3}$$

である．式 (13.2) の J に式 (13.3) の値，E に式 (13.1) の値を代入すると，次のようになる．

$$\frac{I}{S} = \frac{V}{\rho l}$$

これから，電位差 V と電流 I との比をとれば，

$$\frac{V}{I} = R = \rho\frac{l}{S} \quad [\mathrm{V/A}] = [\Omega] \text{（オーム）} \tag{13.4}$$

となる．この $V/I = R$ を図 13.1 の導体棒の両端間の**電気抵抗**という．

一般に，ある導体の両端間に V [V] の電位差があり，高電位側から低電位側に向かって I [A] の電流が流れるとき，この導体の両端間の電気抵抗は $V/I = R\,[\Omega]$ であるという．式 (13.4) は，一定断面積の導体の電気抵抗は，その導体材料の抵抗率 ρ に比例し，導体の長さ l に比例し，断面積 S に反比例することを表している．

13.2 オームの法則

一つの金属導体では，抵抗率 ρ は電流の大きさに関係なく一定であると見なされることは，抵抗 R も一定であることで，これは電流 I [A] と電位差 V [V] とが比例することを意味する．この関係は次のように表される．

$$I = \frac{V}{R} \quad [\mathrm{A}] \text{ または } V = RI \quad [\mathrm{V}] \tag{13.5}$$

これは式 (13.4) と同じ関係ではあるが，式 (13.4) は電気抵抗を定義したもので，定義したうえで式 (13.5) の関係が成り立つということである．式 (13.5) の関係は**オームの法則**とよばれている．すなわち，オームの法則は，普通の金属導体では電位差（**電圧**）と電流とが比例をすることを表す．

今日では導体内の伝導機構が大体わかっているので，オームの「**法則**」とはいっても，本来の意味での法則ではない．金属導体以外の物質では電位差と電流とが比例しない場合，すなわち，オームの法則が成り立たない場合も多い．

電位差 V と電流 I との関係を表すのに，電気抵抗 R の代わりに，その逆数のコンダクタンス G を用いることもある．すなわち，**コンダクタンス** G は次のような値である．

$$G = \frac{1}{R} = \frac{I}{V} = \frac{S}{\rho l} = \sigma\frac{S}{l} \quad [\mathrm{A/V}] = [\mathrm{S}] \text{（ジーメンス）} \tag{13.6}$$

ここで，$\sigma = 1/\rho\,[\mathrm{S/m}]$ は導電率である．

したがって，コンダクタンス G を用いてオームの法則を表せば，次のようになる．

$$I = GV \quad [\mathrm{A}] \text{ または } V = \frac{I}{G} \quad [\mathrm{V}] \tag{13.7}$$

要するに，電気抵抗は電流の流れにくさ，コンダクタンスは流れやすさを表している（図 13.2）．

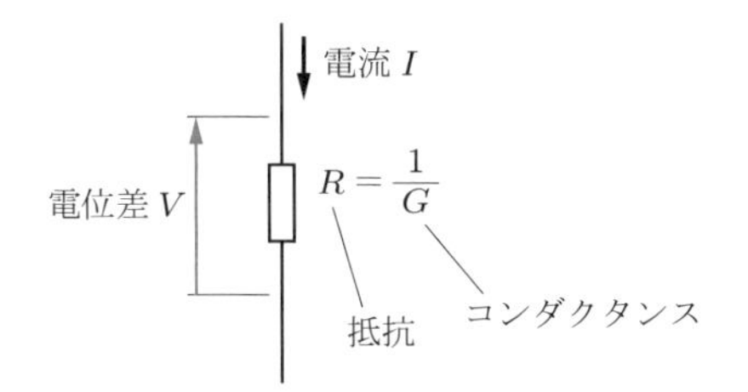

図 13.2　電気抵抗の回路表示

13.3　抵抗に消費される電力と発熱

図 13.3 のように，$R\,[\Omega]$ の電気抵抗の両端間に $V\,[\mathrm{V}]$ の電位差があり，$I\,[\mathrm{A}]$ の電流が流れているとする．電位差 $V\,[\mathrm{V}]$ の間を微小量の電荷 $\mathrm{d}q\,[\mathrm{C}]$ が移動すれば，電荷は $\mathrm{d}W=V\mathrm{d}q\,[\mathrm{J}]$ の仕事を受ける（第 6 章）．この電荷 $\mathrm{d}q$ が時間 $\mathrm{d}t\,[\mathrm{s}]$ の間に動いたとすれば，流動する電荷が毎秒受けとる仕事（エネルギー）の時間的割合は，

$$\frac{\mathrm{d}W}{\mathrm{d}t}=V\frac{\mathrm{d}q}{\mathrm{d}t}\quad[\mathrm{J/s}]$$

となるが，$\mathrm{d}q/\mathrm{d}t$ は電荷の流動の割合，すなわち電流 I に等しいから（図 13.3），

$$\frac{\mathrm{d}W}{\mathrm{d}t}=V\frac{\mathrm{d}q}{\mathrm{d}t}=VI=P\quad[\mathrm{J/s}]=[\mathrm{W}]\quad\text{（ワット）}\tag{13.8}$$

となる．P は抵抗 R に消費される**電力**とよばれる．

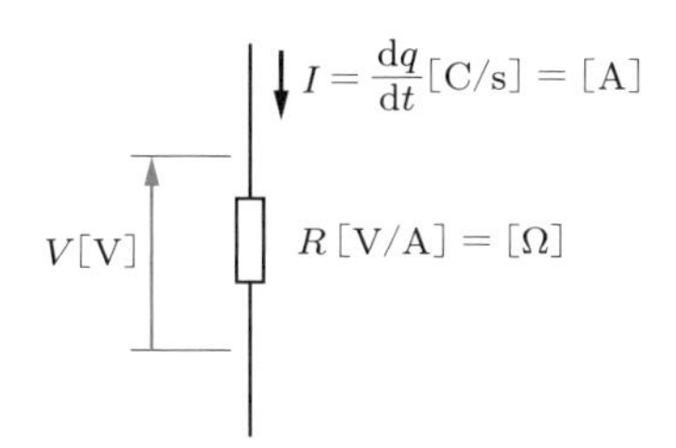

図 13.3　電流と電位差と抵抗

すなわち，図 13.4 のように電位差 $V\,[\mathrm{V}]$ の間を，高電位点から低電位点に向かって電流 $I\,[\mathrm{A}]$ が流れているときは，$P=VI\,[\mathrm{W}]$ の割合でエネルギーが抵抗のなかに入っていく．

このエネルギーは，金属導体では，電子が導体中を流動するときに導体の原子に衝突することによって，導体の原子の熱運動エネルギーを高める．すなわち，熱エネルギーに変わって導体の温度を高める．V と I との間には $V=RI$ の関係があるから，電力 P は次のようにも表せる．

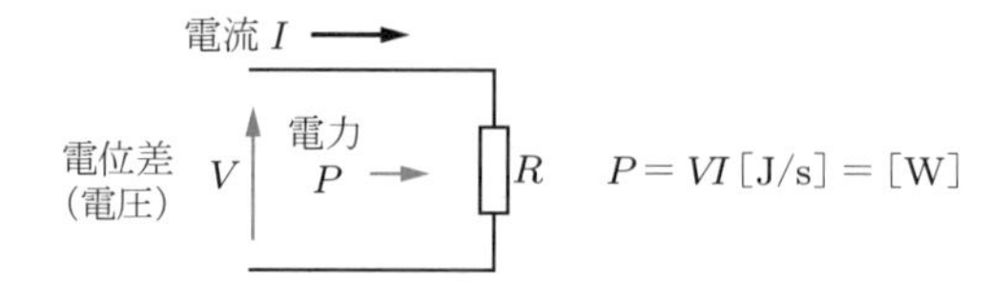

図 13.4 電流，電圧，電力

$$P = VI = RI^2 = \frac{V^2}{R} \quad [\mathrm{W}] \tag{13.9}$$

13.4 温度による抵抗の変化

一般に，金属導体は，温度が上昇すると抵抗率 ρ が増大する．それは，温度が上がると，伝導電子の熱運動速度が速くなり，電子が一つの原子に衝突してから次の衝突までの時間が短くなり，その間に電界によって加速されて得られる平均移動速度が小さくなる（移動度が小さくなる）ためである．

ある温度 T_0 [℃] でのある導体の抵抗率を ρ_0 [Ωm]，ほかの温度 T_1 [℃] での抵抗率を ρ_1 [Ωm]，また，$T_1 - T_0 = T$ とすると，ρ_1 は一般に次のように表すことができる．

$$\rho_1 = \rho_0(1 + \alpha T + \beta T^2 + \cdots) \quad [\Omega\mathrm{m}] \tag{13.10}$$

α, β などを温度 T_0 [℃] におけるその導体の**抵抗率の温度係数**という．

金属導体では，一般に β 以降は α に比べてきわめて小さいので，温度があまり高くならない範囲では，式 (13.10) の右辺第 2 項までをとって次のように表すことができる．

$$\rho_1 \fallingdotseq \rho_0(1 + \alpha T) \quad [\Omega\mathrm{m}] \tag{13.11}$$

0 [℃] と 100 [℃] の間では，α の値は $1 \sim 7 \times 10^{-3}$ [1/℃] の程度である．

一つの導体の電気抵抗は抵抗率に比例するから，T_0 [℃] での電気抵抗を R_0 [Ω]，ほかの温度 T_1 [℃] での電気抵抗を R_1 [Ω] とすれば，次のようになる．

$$R_1 \fallingdotseq R_0(1 + \alpha T) \quad [\Omega] \tag{13.12}$$

半導体では，一般に温度が上がると抵抗率は減少するが，それは，温度が高くなったときのキャリア数の増加の効果が移動度の減少の効果を上回るからである．

電解液の抵抗率も一般に温度の上昇とともに減少するが，それは，温度が高くなると，イオンの解離度が高くなることと，液の粘性が減ってイオンの移動度が高くなることによる．

演習問題

13.1 20 [Ω] の抵抗に 100 [V] の電位差を与えたら，いくらの電流が流れるか？

13.2 長さ 100 [m] の金属線に 0.5 [V] の電位差を与えたら 2.0 [A] の電流が流れた．金属線の抵抗はいくらか？

13.3 直径 2 [mm]，長さ 1 [km]，抵抗率 1.8 [μΩcm] の銅線の電気抵抗はいくらか？

13.4 【演習問題 13.3】の銅線に 20 [A] の電流を流したら，両端間の電位差はいくらになるか？

13.5 10 [Ω] の抵抗に 100 [V] の電位差を与えたら，消費される電力はいくらか？

13.6 100 [V] で 2 [kW] の電熱器を作るには，その抵抗をいくらにしたらよいか？

13.7 ある銅線のコイルの抵抗を温度 0 [℃] で測ったら 15 [Ω] であった．この抵抗は温度 20 [℃] で何 [Ω] になるか？ ただし，この銅線の 0 [℃] での抵抗率の温度係数は 4.3×10^{-3} [1/℃] である．

13.8 温度 20 [℃] で抵抗が 10 [Ω] の白金線全体をある温度にしたら 43 [Ω] になった．温度はいくらか？ ただし，白金の抵抗率の温度係数は 3.9×10^{-3} [1/℃] である．

電気抵抗の組合せ

14.1　電気抵抗の電気回路表示

指定された電気抵抗値をもつように作られた器具を**抵抗器**というが，抵抗器でなくとも，一般に電流を流す導線には多かれ少なかれ電気抵抗がある．

電気抵抗を**電気回路図**のなかで表すには，図 14.1 のような表示を用いることになっている．

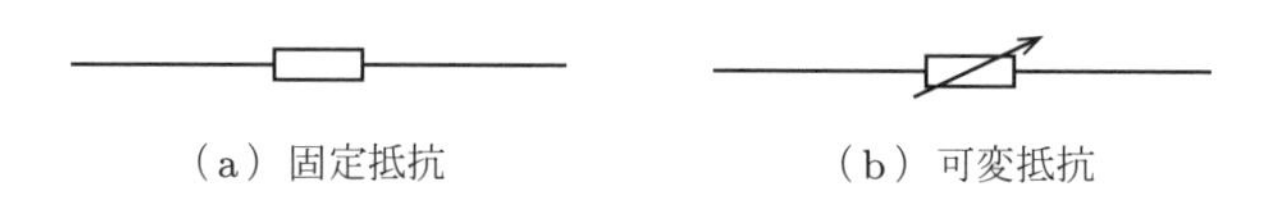

図 14.1　電気抵抗の回路表示

ある抵抗の両端間の電位差（電圧）が V [V] のとき，この抵抗に高電位側から低電位側に向かって電流 I [A] が流れるならば，この抵抗 R の値は式 (13.4) の定義より，

$$R = \frac{V}{I} \quad [\Omega] \tag{14.1}$$

である．

14.2　電気抵抗の直列接続

二つ以上の抵抗，たとえば R_1, R_2, R_3 [Ω] の抵抗を図 14.2 のように，共通の電流 I [A] が流れるように接続することを**直列接続**という．直列に接続されている抵抗 R_1 の両端 a, b 間の電位差を V_1 [V]（電流の流れ込む側，a が高電位），R_2 の両端 b, c 間の電位差を V_2 [V]（b が高電位），R_3 の両端 c, d 間の電位差を V_3 [V]（c が高電位）とすれば，点 c は点 d より V_3 [V] だけ電位が高く，点 b はさらに V_2 [V] だけ高電位，

I　R_1　R_2　R_3
a　+　b　c　−　d
V_1　V_2　V_3
$V = V_1 + V_2 + V_3$

合成抵抗 $R = \dfrac{V}{I} = \dfrac{V_1 + V_2 + V_3}{I}$
$= R_1 + R_2 + R_3$

図 14.2　抵抗の直列接続

点 a はそれよりさらに V_1 [V] だけ高電位になるから，点 a は点 d に比べて

$$V = V_1 + V_2 + V_3 \quad [\mathrm{V}]$$

だけ高電位になる．すなわち，全体の両端 a, d 間の電位差は各抵抗の両端間の電位差の和になる．

また，各抵抗の両端間の電位差はオームの法則より

$$V_1 = R_1 I \quad [\mathrm{V}], \quad V_2 = R_2 I \quad [\mathrm{V}], \quad V_3 = R_3 I \quad [\mathrm{V}]$$

なので，

$$V = R_1 I + R_2 I + R_3 I = (R_1 + R_2 + R_3) I$$

となる．したがって，a, d 両点間を一つの抵抗（**合成抵抗**）と考えて R とすれば，式 (14.1) の定義より，次のようになる．

$$R = \frac{V}{I} = R_1 + R_2 + R_3 \quad [\Omega] \tag{14.2}$$

すなわち，直列接続された抵抗の合成抵抗の値は各抵抗値の和になる．したがって，合成抵抗の値は各抵抗値のどれよりも大きくなる．

14.3 電気抵抗の並列接続

二つ以上の抵抗，たとえば R_1, R_2, R_3 [Ω] の抵抗を図 14.3 のように，各抵抗の両端間の電位差が共通になるように接続することを**並列接続**という．抵抗 R_1, R_2, R_3 にはそれぞれ電流 I_1, I_2, I_3 が流れるが，各抵抗に電荷が流動する割合を足しあわせたものが全体の電荷の流動の割合に等しいから，全電流をまとめた端子 a, b の間には各電流の和が流れる．したがって，全電流 I は

$$I = I_1 + I_2 + I_3 \quad [\mathrm{A}]$$

になる．

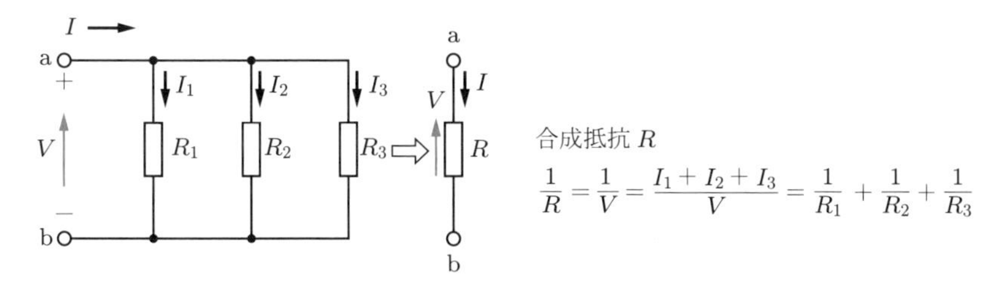

図 14.3 抵抗の並列接続

各抵抗に流れる電流は，共通の電位差を V [V] とすれば，オームの法則より，

$$I_1 = \frac{V}{R_1} \quad [\mathrm{A}], \quad I_2 = \frac{V}{R_2} \quad [\mathrm{A}], \quad I_3 = \frac{V}{R_3} \quad [\mathrm{A}]$$

なので，

$$I = \frac{V}{R_1} + \frac{V}{R_2} + \frac{V}{R_3} = \left(\frac{1}{R_1} + \frac{1}{R_2} + \frac{1}{R_3}\right) V$$

となる．したがって，端子 a, b 間を一つの抵抗（合成抵抗）と考えて R とすれば，抵抗の定義より次のようになる．

$$R = \frac{V}{I} = \frac{1}{\dfrac{1}{R_1} + \dfrac{1}{R_2} + \dfrac{1}{R_3}} \quad [\Omega] \tag{14.3}$$

すなわち，並列接続された抵抗の合成抵抗の値は，各抵抗値の逆数の和の逆数に等しい．したがって，合成抵抗の値は各抵抗値のどれよりも小さくなる．

また，各抵抗の逆数であるコンダクタンスを，それぞれ

$$G_1 = \frac{1}{R_1} \quad [\mathrm{S}], \quad G_2 = \frac{1}{R_2} \quad [\mathrm{S}], \quad G_3 = \frac{1}{R_3} \quad [\mathrm{S}]$$

とすれば，式 (14.3) の両辺の逆数をとって，合成コンダクタンス G は

$$G = \frac{1}{R} = \frac{I}{V} = G_1 + G_2 + G_3 \quad [S] \tag{14.4}$$

となる．すなわち，並列接続された抵抗の合成コンダクタンスの値は，各抵抗のコンダクタンスの和に等しい．

図 14.4 のように，抵抗が R_1, R_2 の二つだけの場合には，合成抵抗 R は

$$R = \frac{1}{\dfrac{1}{R_1} + \dfrac{1}{R_2}} = \frac{R_1 R_2}{R_1 + R_2} \quad [\Omega] \tag{14.5}$$

と表される．

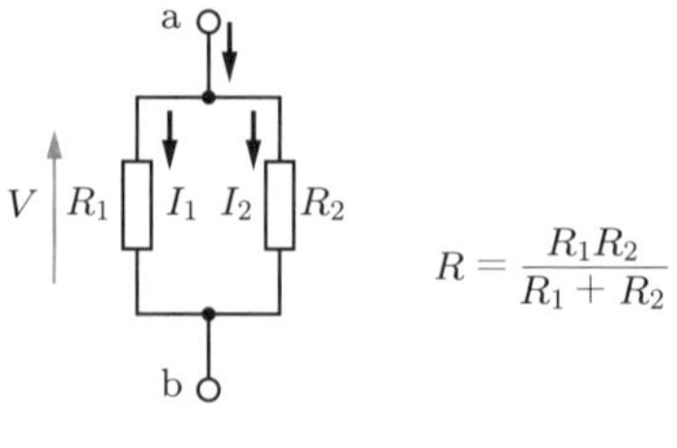

図 14.4　二つの抵抗の並列接続

演習問題

14.1 図 14.5 の回路の端子 a, b 間の合成抵抗はいくらか？ また，a, b 間の電位差が 100 [V] のとき，抵抗 R_1, R_2の 各両端間の電位差 V_1, V_2 はそれぞれいくらか？

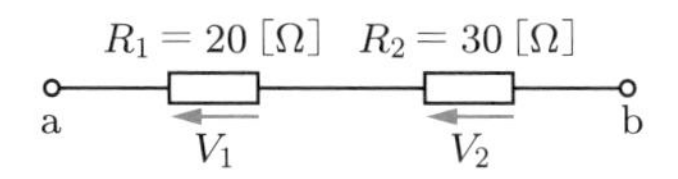

図 14.5

14.2 最大目盛が 1 [V]，内部抵抗が $R_0 = 1$ [kΩ] の直流電圧計がある．この電圧計に抵抗 R を直列に接続して（図 14.6）最大目盛が 100 [V] の電圧計として使うには，直列抵抗 R の値はいくらにすればよいか？

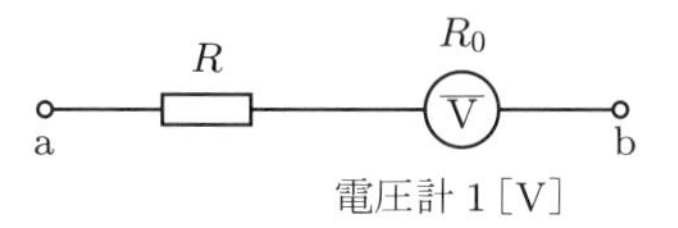

図 14.6

14.3 最大目盛が 1 [mA]，内部抵抗 $R_0 = 100$ [Ω] の直流電流計がある．この電流計に抵抗 R を直列に接続して（図 14.7），最大目盛が 100 [V] の電圧計として使うには，直列抵抗 R の値はいくらにすればよいか？

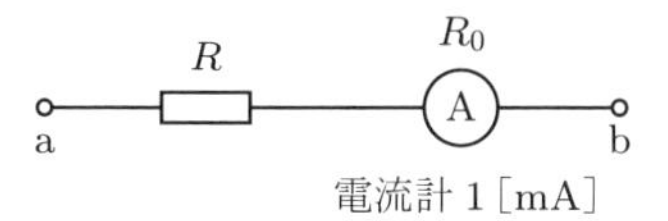

図 14.7

14.4 図 14.8 の回路の端子 a, b 間の合成抵抗はいくらか？ また，a, b 間に 2 [A] の電流が流れているとき，抵抗 R_1, R_2 に流れる電流 I_1, I_2 はそれぞれいくらになるか？

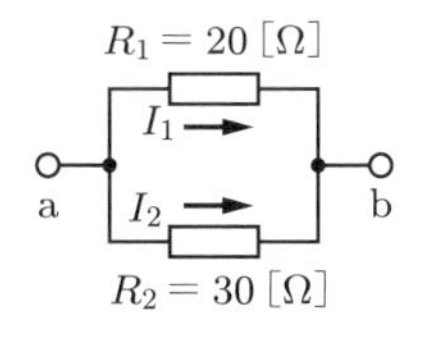

図 14.8

14.5 最大目盛が 1 [A]，内部抵抗が $R_0 = 0.1\,[\Omega]$ の電流計がある．この電流計に抵抗 R を並列に接続して（図 14.9），最大目盛が 10 [A] の電流計として使うには，並列抵抗 R の値はいくらにすればよいか？

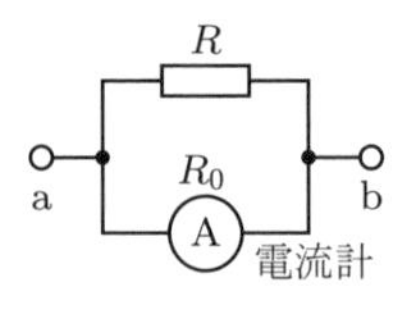

図 14.9

14.6 最大目盛が 1 [mV]，内部抵抗が $R_0 = 100\,[\Omega]$ の直流電圧計がある．この電圧計に抵抗 R を並列に接続して（図 14.10），最大目盛が 10 [A] の電流計として使うには，並列抵抗 R はいくらにすればよいか？

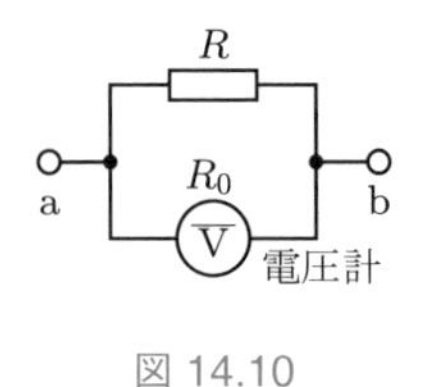

図 14.10

14.7 図 14.11 の回路の端子 a, b 間の合成抵抗はいくらになるか？ また，端子 a, b 間に電位差 100 [V] を与えたら，各抵抗に消費される電力はそれぞれいくらになるか？

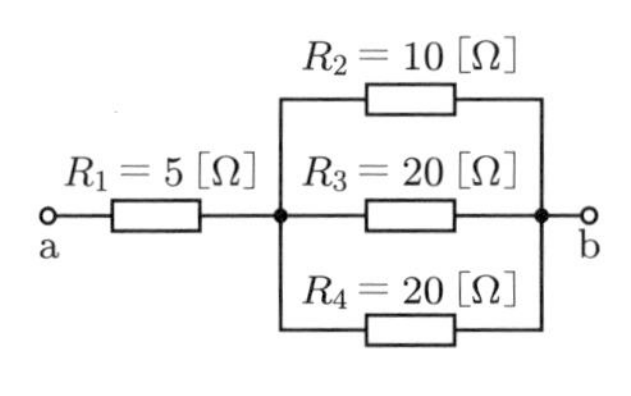

図 14.11

電　源

15.1 電　源

コンデンサの両電極に何らかの方法で正負の電荷を蓄えておいて（図 15.1）両電極を抵抗で接続すれば，電極間には電位差があるから，抵抗には電流が流れる．しかし，この場合，電流が流れるということは，正電荷の電極（+ 極）から正電荷が抵抗を通って負電荷の電極（− 極）に移動し，または − 極から負電荷が + 極に移動し（金属導体の場合），電荷が中和されていき，電極の正負の電荷の量は減っていくから，電位差も減り，したがって電流も減り，ついに電荷も電流もなくなる．すなわち，コンデンサには一時的に電荷を蓄えることはできるが，すぐ放電してしまうので，電流を流し続けることはできない．

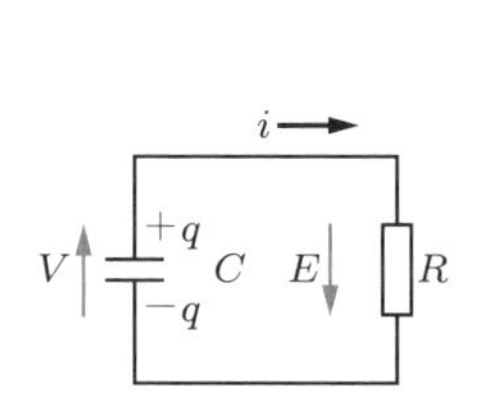

図 15.1　コンデンサの放電電流

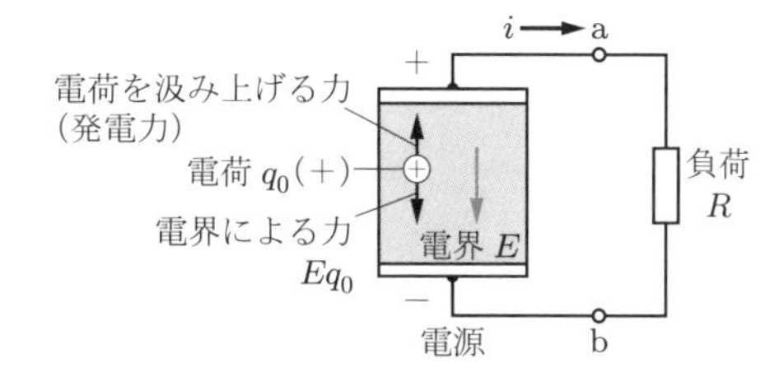

図 15.2　電源の機構

抵抗などに，絶えず電流を流し続けるには，電荷を絶えず電極に補給する必要がある．ところが，電極の間には図 15.2 のように + 極から − 極に向かって電界があり，これは電荷の補給を妨げる方向の静電気力を電荷に作用する．したがって，絶えず電荷を補給するには，電界による静電気力に逆らって正電荷を − 極から + 極に向かって，または負電荷を + 極から − 極に向かって運ぶ何らかの機構（発電機構）が必要である．そのような**発電機構**をもつように作られた装置を**電源**という．

電源には，発電機構によって表 15.1 のような種類がある．

どの機構も，電気以外の形のエネルギーである化学，機械または力学，光，熱のエネルギーを電気エネルギーに変換するものである．

表 15.1 電源の分類

発電機構	電源の種類	元のエネルギー
化学的親和力	化学電池	化学エネルギー
電磁力	発電機	機械エネルギー
光起電力効果	太陽電池	光のエネルギー
ゼーベック効果	熱電対	熱のエネルギー

15.2 電源の起電力

発電機構をもった電源のなかでは，電荷を一つの方向に汲み上げる作用がある．そのため，一方の端（+ 極）には正電荷が，他方の端（− 極）には負電荷が集まるので，電荷を汲み上げるのを妨げる方向に電界が生じる（図 15.3）．両電極間に外部の抵抗が接続されていなければ，すなわち電流が流れなければ，両電極の電荷によって生じた電界 E によって電源内の一つのキャリアの電荷 q_0（仮に正とする）に作用する静電気力 q_0E がキャリアを汲み上げる力（発電力）に等しくなると平衡状態に達して，それ以上の電荷の汲み上げられなくなる．このとき，電極の間の電位差，すなわち図 15.3 の端子 a, b 間の電位差が一定値 V_0 に落ちつく．この電位差 V_0 [V] をこの電源の**起電力**または**開路電圧**という．

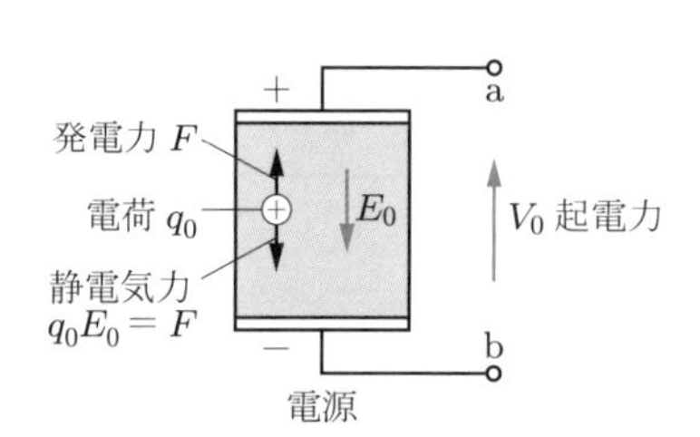

図 15.3 平衡状態の開路電圧（起電力）

15.3 電源の等価回路

電源の端子 a, b 間に抵抗 R [Ω] をもった外部回路を接続すると（図 15.4），電流が + 極から − 極に向かって外部回路を流れる．電源内で電荷の補給が継続して行われるためには，発電力よりも電界による静電気力 q_0E のほうが小さくなければならない．そのため，電源内の電界は電流を流さないときよりも小さくなり，したがって，端子 a, b 間の電位差 V は開路電圧（起電力）V_0 よりも低くなる．電流 I [A] が大きくなるほど，電源の内部の電界 E，したがって端子間の電位差 V は小さくならなければならない．V の小さくなり方が電流 I に比例するとすれば，R_0 を比例定数とし

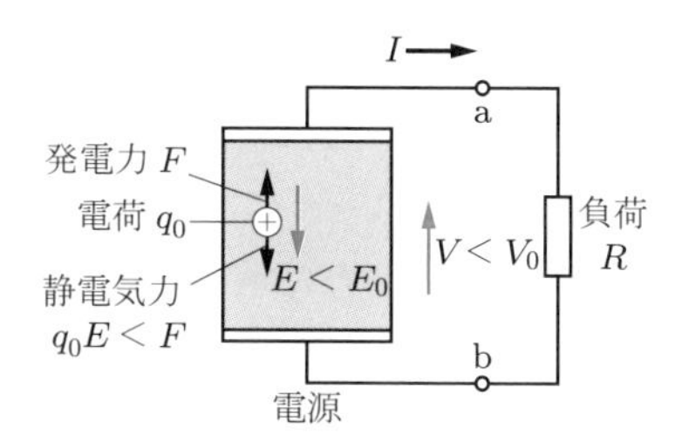

図 15.4 電流が流れている電源

て，次のように表すことができる．

$$V_0 - V = R_0 I \quad [\mathrm{V}] \tag{15.1}$$

このときの

$$R_0 = \frac{V_0 - V}{I} \quad [\Omega] \tag{15.2}$$

を，この電源の**内部抵抗**という．これは，電源が一般に図 15.5 のように，起電力が V_0 で抵抗のない電源と内部抵抗 R_0 とが直列になったものと同じ動作をすることを意味する．そのために，図 15.5 の回路の端子 a, b より左側を電源の（**定電圧**）**等価回路**という．

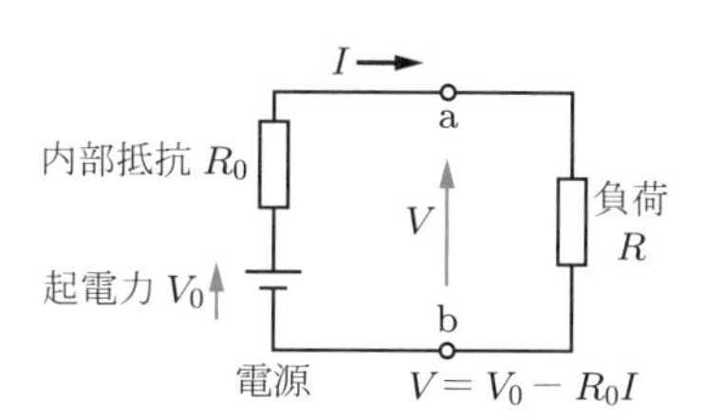

図 15.5 電源の等価回路

この電源の端子 a, b 間に**外部抵抗** R [Ω] を接続すれば，これに流れる電流 I は，

$$I = \frac{V_0}{R_0 + R} \quad [\mathrm{A}] \tag{15.3}$$

となり，端子間の電位差（端子電圧）V は次のようになる．

$$V = RI = \frac{RV_0}{R_0 + R} = V_0 - R_0 I \quad [\mathrm{V}] \tag{15.4}$$

回路的な考え方では，**定電流電源**と内部抵抗とを並列接続した**定電流等価回路**というのも成り立つが，物理的には成り立たないので省略する．

15.4 電源から取り出せる最大電力

15.3節で説明したように，電源には一般に内部抵抗があるために，電源から無制限に大きな電力を取り出すことはできない．図15.5の回路を考え，左側の電源から，端子a, bを通して外部抵抗 R [Ω] にどれだけ電力を取り出せるかを考える．R に流れる電流 I は

$$I = \frac{V_0}{R_0 + R} \quad \text{[A]}$$

なので，R に消費される電力 P は

$$P = VI = RI^2 = R\left(\frac{V_0}{R_0 + R}\right)^2 \quad \text{[W]} \tag{15.5}$$

となる．いま，V_0, R_0 は一定だから，外部抵抗 R だけを変化させると，R が0，すなわち端子a, bを短絡したときは，電流は最大値 $I = V_0/R_0$ になるが，R が0だから電力 P は0になる．また，R が ∞，すなわち端子a, b間に何も接続しないときは電流 $I = 0$ になるから，電力 P はやはり0になる．その中間の R の値では明らかに電力は消費され，電力 P は式(15.5)から図15.6のように変化し，大きさが最大になるところがある．P を最大にするような R の値は，曲線の傾きが0になる R を求めればよいから，式(15.5)の右辺を R で微分して0とおけばよい．すなわち，次のようになる．

$$\begin{aligned}
\frac{\mathrm{d}}{\mathrm{d}R}\left\{\frac{RV_0^2}{(R_0+R)^2}\right\} &= \frac{(R_0+R)^2 - 2R(R_0+R)}{(R_0+R)^4}V_0^2 \\
&= \frac{R_0 - R}{(R_0+R)^3}V_0^2 \\
&= 0
\end{aligned}$$

したがって，

$$R = R_0 \tag{15.6}$$

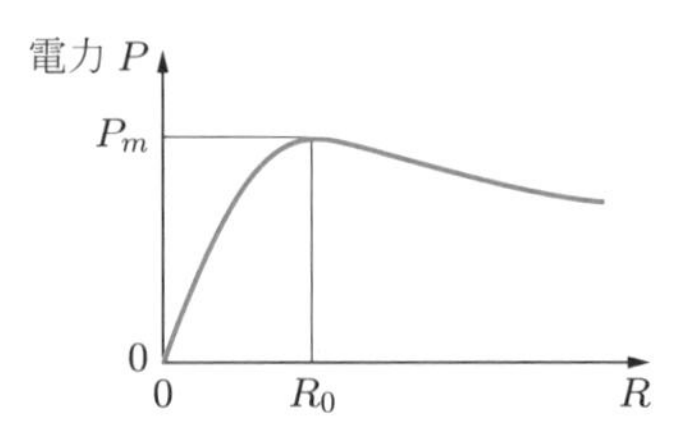

図15.6 電源から取り出せる電力

のときに，電力 P は最大値 P_m になる．これを**整合条件**ということがある．

このときの電流は

$$I_0 = \frac{V_0}{2R_0} \quad [\mathrm{A}] \tag{15.7}$$

となるから，最大電力 P_m は

$$P_m = R_0 I_0^2 = \frac{V_0^2}{4R_0} \quad [\mathrm{W}] \tag{15.8}$$

となる．

すなわち，内部抵抗と等しい抵抗を電源に接続したときに最大の電力を取り出すことができる．しかし，このときは電源内部でも外部へ取り出したのと等しい電力が消費されるので，電源としての効率は 50% という低い値になる．そのため，電源として用いるときは，普通は最大電力よりははるかに小さい電力を取り出すようにする．

演習問題

15.1 電源端子に何も接続しないときの電源の端子電圧（開路電圧）を測ったら 2.2 [V]，端子間に負荷抵抗を接続して 2 [A] の電流を流したら，端子間の電圧は 2.0 [V] になった．この電源の起電力 V_0 および内部抵抗 R_0 はそれぞれいくらか？

15.2 【演習問題 15.1】で，電流が流れているときに電源が発生している電力のうち，負荷抵抗に消費される電力の割合（効率）はいくらか？

15.3 開路電圧（起電力）が 1.65 [V]，内部抵抗が 0.5 [Ω] の電池に外部（負荷）抵抗 10 [Ω] を接続したら，流れる電流と端子電圧はそれぞれいくらになるか？ また，そのときの効率はいくらになるか？

15.4 【演習問題 15.3】の電池を効率 90% ではたらかせるには，外部の負荷抵抗をいくらにすればよいか？ また，そのとき外部抵抗に消費される電力（出力）はいくらか？

15.5 【演習問題 15.3】の電池から最大の電力を取り出すには，外部負荷抵抗をいくらにすればよいか？ また，そのときの電流，端子電圧，効率はそれぞれいくらになるか？

熱電気現象

16.1　ゼーベック効果

異なる 2 種の金属を，たとえば図 16.1 のように 2 箇所で接触させて，一つの閉回路を作ったときに，両接触点の温度が等しければ回路に電流は流れないが，温度が異なると回路に電流が流れる．温度の高低を逆にすると，電流の方向は逆になる．また，温度差が大きいほど一般に電流は大きくなる．この現象は**ゼーベック効果**とよばれる．このとき流れる電流は**熱電流**，この電流のもとになると考えられる起電力は**熱起電力**とよばれる．

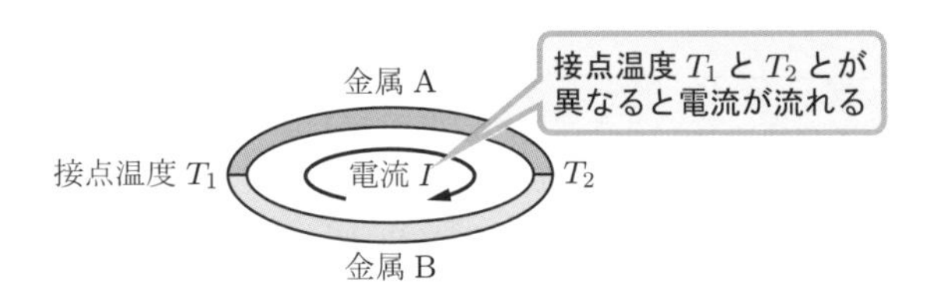

図 16.1　ゼーベック効果

ゼーベック効果および 16.2 節で説明するペルチェ効果は**熱電気効果**とよばれる．これらは本来，電気電子物性学のなかで学ぶのが適切なので，ここでは単に見かけの現象を述べるだけにしておく．

熱起電力は 2 金属の種類と両接点の温度とだけで決まり，その形には無関係なことがわかっている．

熱起電力には，次の二つの実験的規則がある．

① 中間温度則：図 16.2 のように，両接点の温度が T_1, T_2 のときの熱起電力が V_{12}，温度が T_3, T_2 のときの熱起電力が V_{32} ならば，温度が T_3, T_1 のときの熱起電力 V_{31} は

$$V_{31} = V_{32} - V_{12} \tag{16.1}$$

となる．

② 中間金属挿入則：図 16.3 のように，2 種の金属 A, B の間の熱起電力が，ある接点温度の組合せ T_1, T_2 に対して V_{AB} であり，同じ温度の組合せに対して金属 C,

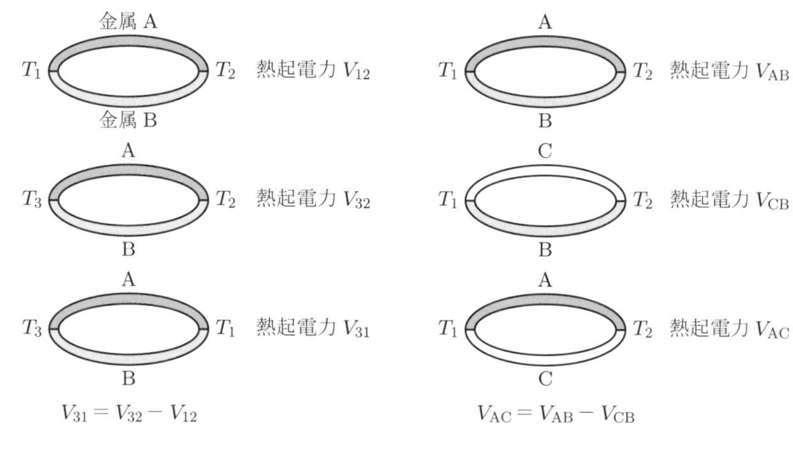

図 16.2　熱起電力の中間温度則

図 16.3　熱起電力の中間金属挿入則

B 間の熱起電力が V_{CB} ならば，同じ温度の組合せに対する金属 A, C 間の熱起電力 V_{AC} は，

$$V_{\mathrm{AC}} = V_{\mathrm{AB}} - V_{\mathrm{CB}} \tag{16.2}$$

となる．

2 接点間の温度差があまり大きくない範囲では，熱起電力 ΔV [μV] は温度差 ΔT [℃] にほぼ比例することがわかっている．すなわち，比例定数を Q とすれば

$$\Delta V = Q\Delta T \quad [\mu\mathrm{V}] \tag{16.3}$$

となる．比例定数 Q [μV/℃] を，この組合せ金属の**熱電能**という．たとえば，鉄（Fe）とニッケル（Ni）との組合せでは熱電能は非常に大きく 39 [μV/℃] 程度で，銅（Cu）と Ni との組合せでは 23 [μV/℃] 程度である．また，熱電能は温度によって少し変わる．

このような 2 金属の組合せによる熱起電力を利用するものは**熱電対**(つい)とよばれ，温度の計測に広く用いられる．また，これを利用して発電もできる．

16.2　ペルチェ効果

図 16.4 のように，2 種の異なる金属の両接点に，外部電源によって，ある方向に電流を流すと，一方の接点では熱が発生して温度が上がり，他方の接点では熱が吸収されて温度が下がる．電流の方向を逆転すると，熱の発生と吸収は逆転する．この現象は**ペルチェ効果**とよばれる．

熱の発生または吸収の時間的割合は電流に比例する．熱量を q [J] で表すと，比例

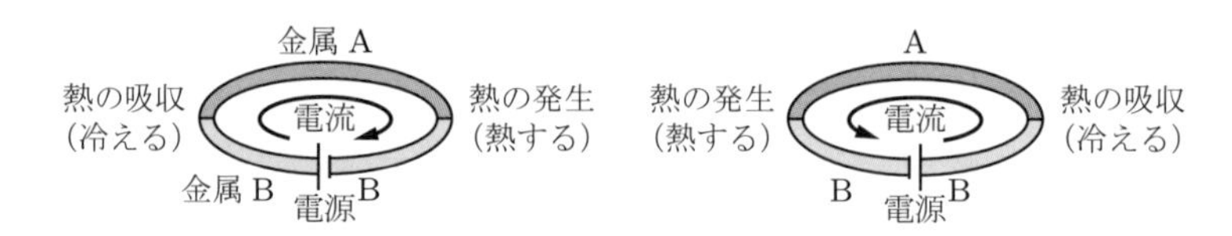

図 16.4 ペルチェ効果

定数をΠ(バイ)とすれば，この関係は次のようになる.

$$\frac{\mathrm{d}q}{\mathrm{d}t} = \Pi I \quad [\mathrm{J/s}] = [\mathrm{W}] \tag{16.4}$$

比例定数 Π [V] を**ペルチェ係数**といい，10^{-3}〜10^{-4} [V] の程度である．ペルチェ効果は**電子冷凍**に利用される.

演習問題

16.1 図 16.5 のように，熱電対を多数直列に組み合わせて熱起電力を大きくしたものを熱電堆(たい)という．銅と鉄との熱電対 100 個を直列にした熱電堆で一組の接点の温度を 20 [℃]，他方の組の接点の温度を 50 [℃] にしたときに，熱起電力はいくらになるか？ただし，銅と鉄との組合せの熱電能は 39 [μV/℃] である.

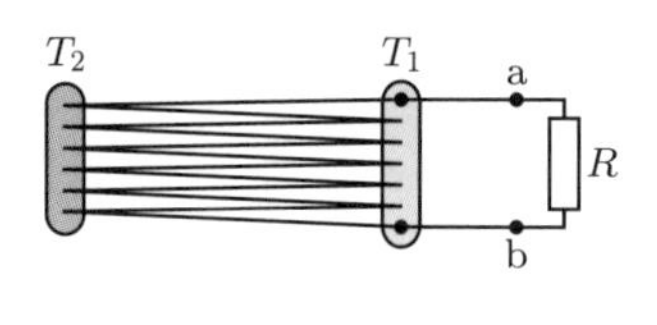

図 16.5

16.2 【演習問題 16.1】の熱電堆の端子 a, b 間に外部抵抗 $R = 20$ [Ω] を接続したら，これに流れる電流および R に消費される電力はいくらか？ ただし，端子 a, b 間の熱電堆の抵抗（内部抵抗）は 2 [Ω] であるという.

16.3 銅と鉄との熱電対があり（図 16.6），この回路の電気抵抗は 0.0001 [Ω] である．両接点の温度差を 200 [℃] にしたときに回路に流れる電流はいくらか？ ただし，熱電能は 39 [μV/℃] とする.

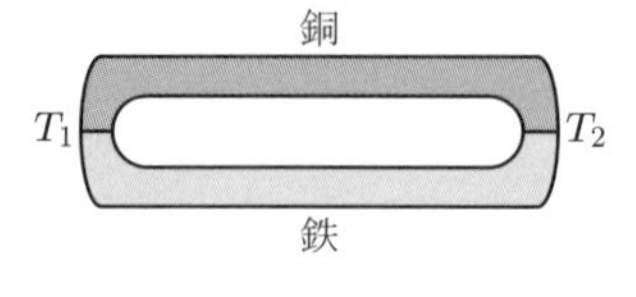

図 16.6

第17章 磁気現象と電流

17.1 磁石とその性質

磁石は，鉄やニッケルを引きつける性質をもっている．磁石を使った道具や装置は非常に多いが，磁石が直接われわれの目に触れることはむしろ少ない．実際に用いられるものとしては，図 17.1 のような形のものがある．これらは**永久磁石**とよばれる．図 17.1(a) の**磁針**は方角を知るために使われ，比較的多くわれわれの目に触れる．また，図 (b), (c), (d) は多くの電気機器のなかに用いられるが，図 (c) のような形のものは扉やカーテンを止めたり，鉄製の板に紙などを止めるマグネットとして直接目に触れることも多い．

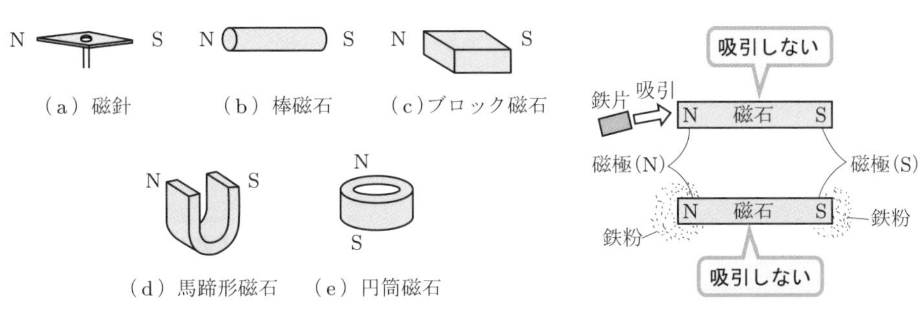

図 17.1　いろいろな形の永久磁石

図 17.2　磁石の磁極

磁石には次のような性質がある．図 17.1(a) のように，水平方向に自由に回転できる細い磁石（磁針）は地球の南北の方向を指して静止する．また，図 17.2 のような棒状の磁石の端の部分に鉄片やニッケル片を近づけると引きつけられる．磁石の両端の部分がもっとも強く引きつける作用があり，中央部分では引きつけない．これは，鉄粉を近づけると，両端付近にもっとも多く鉄粉が付着し，中央部分には付かないことからも明らかである．この磁石の両端の鉄などを吸引する作用のもっとも強い部分は磁石の極（磁極）とよばれる．このような棒状磁石も，中央部を糸などで吊るして水平に回転できるようにすると，磁針と同様に地球の南北の方向を指して静止する．地球の北を指すほうの磁極を **N 極**，南を指すほうの磁極を **S 極**という．すべての磁石には常に N 極と S 極とが対（つい）になって存在し，片方の磁極だけが単独に存在することはない．

磁石に引きつけられる物質は鉄やニッケルのような特別なものだけで，ほかの物質は引きつけられない．磁石に引きつけられる物質は（強）**磁性体**とよばれる．

磁石の N 極と S 極とを図 17.3(a) のように互いに近づけると，互いに吸引されるが，図 (b), (c) のように N 極と N 極あるいは S 極と S 極を近づけると，互いに反発する力がはたらく．すなわち，異種の磁極は互いに吸引し，同種の磁極は互いに反発する．その力の大きさは，両磁極が近づくほど強く，遠ざかるほど急に弱くなる．この性質は一見，正負の電荷の間にはたらく静電気力に似ている．

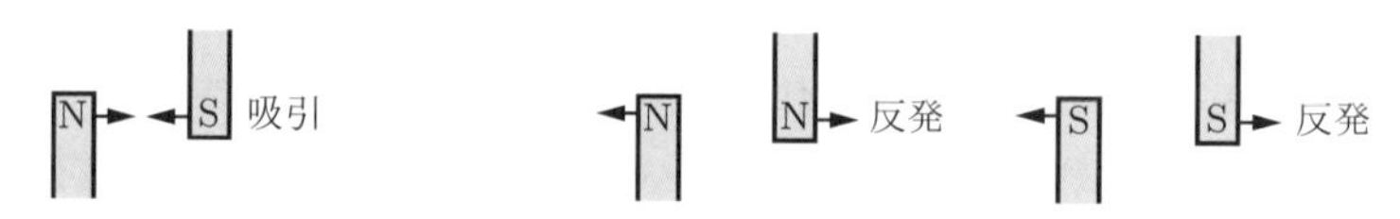

（a）異種の磁極は互いに吸引する　（b）同種の磁極は互いに反発する

図 17.3　磁極の間にはたらく力

しかし，上述のような磁極間に作用する力は静電気でもなく，万有引力でもなく，まったく別種の力である．そのために，電気磁気学では古くから電荷と同じような**磁荷**（**単磁極**ともいう）というものを考え，磁荷には正負の 2 種類があって，それらの間には電荷におけるクーロンの法則と同じ形の法則が成り立つものとして理論体系が組み立てられた．しかし，実際には，正（+ または N）磁荷だけ，あるいは負（− または S）磁荷だけを，電荷のように分離して取り出すことはできない．少なくとも，いままでにはそのようなものは発見されていない．また，磁荷に関するクーロンの法則を電荷の場合のように正確に実証することもできない．そのうえ，磁石に作用する力は電気と無関係なものではなく，17.2 節に述べるように，磁石と電流との間，さらには電流と電流との間にも同種類の力が作用することから，磁石というものは，磁石を構成している原子のなかの電荷の回転（環状に流れる電流と同じ）によるもので，磁石と磁石との間，あるいは磁石と電流との間の力は電流と電流との間の力と考えられている．

17.2　磁石と電流との間に作用する力

磁極の近くに電流の流れている導体をおくと，それらの間に力がはたらく．たとえば，図 17.4 のように，向かいあわせた磁極 NS の間に図 (a) のように電流 I の流れている導線をおくと，導線には下向きの力 F が，また図 (b) のように電流 I の向きを反対にすると，上向きの力 F がはたらく．磁石が強いほど，また，電流の大きいほど，この力は大きくなる．

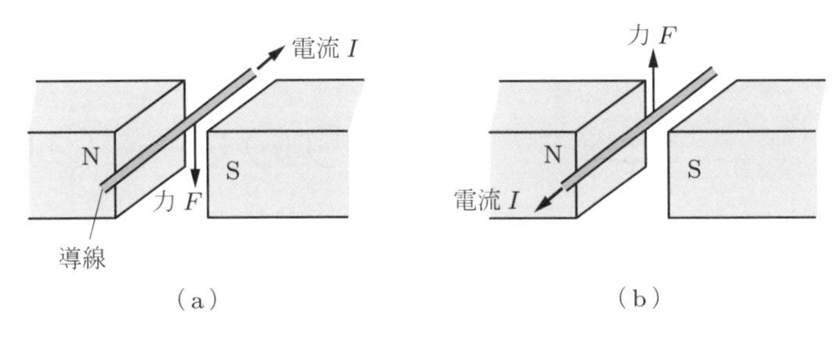

図 17.4　磁石と電流との間にはたらく力

17.3　電流と電流との間に作用する力

磁石がなくても，2 本の導線を図 17.5 のように互いに平行にして電流を流すと，電流が互いに同方向のときには導線間に吸引力がはたらき（図 (a)），電流が互いに反対方向のときには導線間に反発力がはたらく（図 (b)）ことが実験的に知られている．導線の間にはたらく力の大きさは，それぞれの導線の電流の大きさに比例し，また，導線の間隔に反比例する．

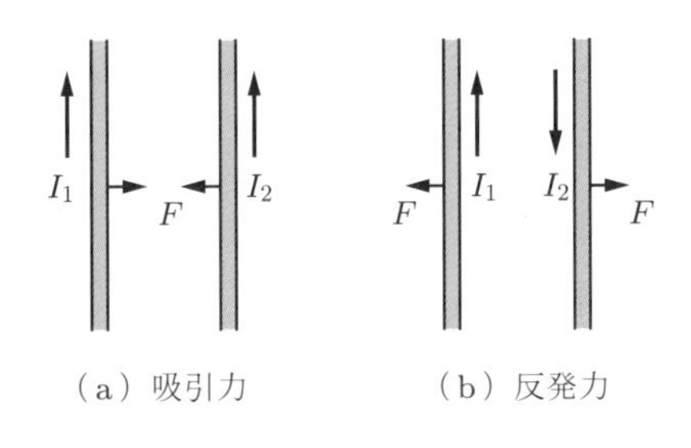

図 17.5　電流の間にはたらく力

両導線を互いに斜めにすると，導線間の吸引力または反発力は小さくなり，互いに直角にすると吸引または反発の力はなくなる．そのかわり，互いに平行になろうとする偶力がはたらくようになる．

17.4　磁石の正体と磁気の作用

磁石というものは，一見電気とは関係のないように見えるのに，電流との間に作用があってきわめて不思議に見えるが，今日では大体次のように考えられている．

物質中の原子内にある電子はすべて一定量の負電荷をもつと同時に，一定の角速度で図 17.6(a) のモデルのように自転をしている．これは**電子のスピン**とよばれる．電荷をもったものが回転すると，電荷が環状に動くから，これは，図 (b) のような小さな環状電流と同等の作用をする．

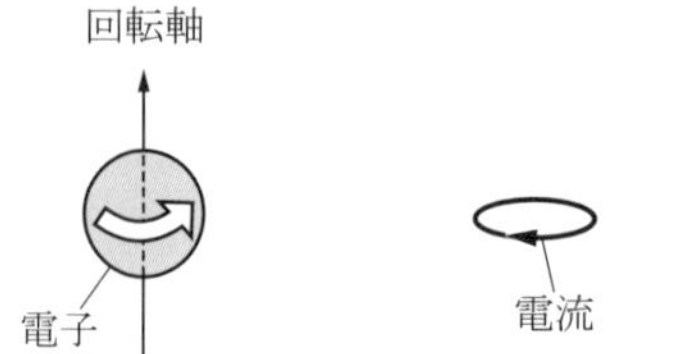

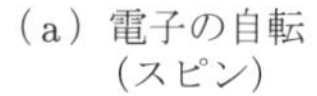

（a）電子の自転（スピン）

（b）等価な微小電流環

図 17.6 電子の自転は微小電流環と同じ

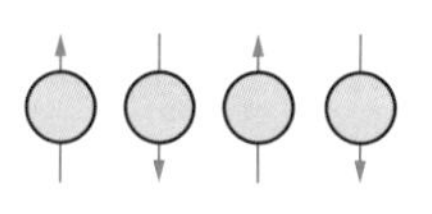

（a）非磁性体原子

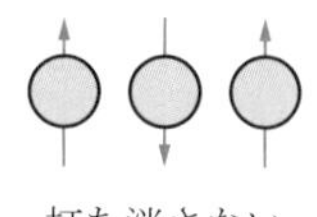

（b）磁性体原子

図 17.7 磁性体と電子スピン

磁性体でない物質（非磁性体）を構成している各原子のなかでは，複数個の電子のスピンが図 17.7(a) のモデルのように，ちょうど同じ数だけ反対の向きになっていて互いに作用が打ち消しあい，微小電流環の作用は外に現れないが，磁性体の場合には，図 (b) のモデルのように電子のスピンがちょうど打ち消しあわないので，電流環と同じ作用をもつ．

永久磁石は，そのなかの電子のスピン，したがって，それと同等の電流環の向きが図 17.8(a) のように大体そろっているものである．この状態を磁性体が**磁化**しているという．磁石になっていない（磁化していない）磁性体のなかでは，図 (b) のように微小電流環の向きが不規則で，まったくそろっていないので，全体としてその作用が外に現れていないのである．

（a）磁石（電子スピンの方向がそろっている）

（b）磁石でない磁性体（スピンの方向が不規則）

図 17.8 磁石になっている磁性体と磁石になっていない磁性体

磁石を全体として見れば，たとえば図 17.9(a) のような磁化をしている棒磁石は，図 (b) のような導線のコイルに電流を流したものと同様の磁気的作用をする．

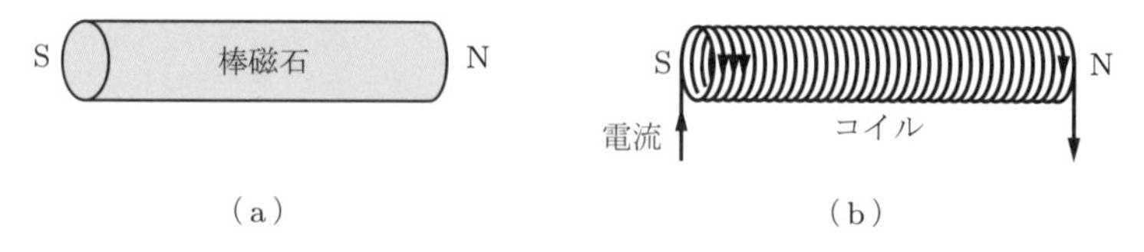

図 17.9 磁石と等価なコイルの電流

したがって，磁石と鉄片，磁石と磁石，磁石と電流，電流と電流との間にそれぞれ作用する上述のような力は，結局本質的にはすべて電流と電流との間にはたらく力に帰着すると考えることができる．

演習問題

17.1 図 17.10 のような磁針が南北の方向を指すのは，地球自身が大きな磁石になっているためと考えられる．地球の北を指すほうの磁針の磁極を N（北）極，南を指すほうの磁極を S（南）極と決めている．地球の北極は地球磁石の N 極か S 極か？ 理由を述べて答えなさい．

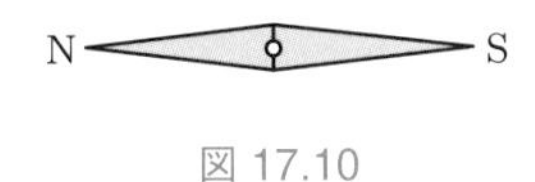

図 17.10

17.2 磁針は単独ならば南北の方向を向いて静止するが，二つの磁針を互いに図 17.11 のように接近させると，地磁気よりも相手の磁針の影響を強く受ける．各磁針はそれぞれどんな方向を向くと思うか？ 図で示せ．

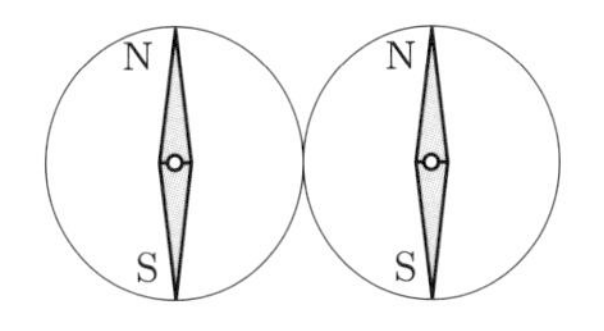

図 17.11

17.3 図 17.12 のような円形コイルがあって，その円の軸は東西の方向，円の面は南北方向に平行になっている．コイルの中心には磁針がおかれている．コイルに電流が流れていなければ，磁針の N 極は北を指すから磁針はコイルの面内にある．図の矢印の方向に電流を流したら，磁針はどうなるか？

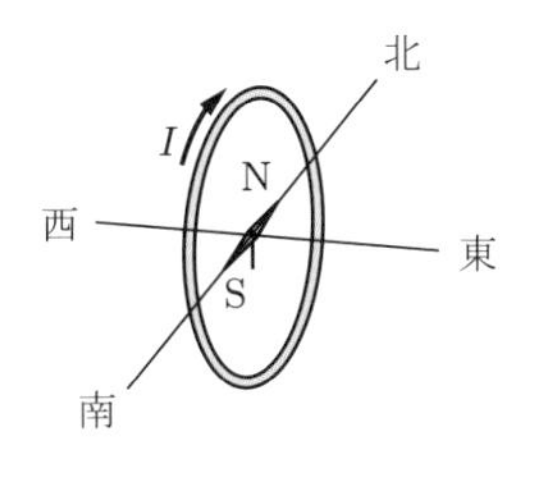

図 17.12

17.4 【演習問題 17.3】で，電流を大きくしていったら，磁針の傾きの角はどう変わるか？

17.5 図 17.13 のような，らせん状のコイルに強い電流を流したら，コイルは伸びるか縮まるか？ 理由を述べて答えなさい．

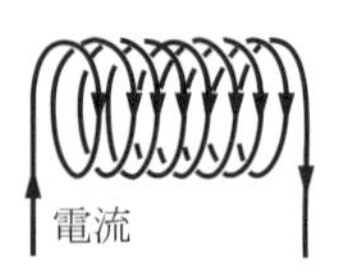

図 17.13

17.6 図 17.14 のような四角形の導線枠に強い電流を流したら，四角形はどのように変形するか？ 理由を述べて答えなさい．

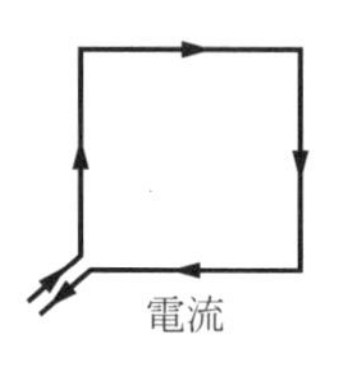

図 17.14

電流と磁界

18.1 電流間に作用する力の法則

17.3 節で述べたように，電流が流れている二つの導線の間には力がはたらく．図 18.1 のように，2 本の導線を平行にして，それぞれの導線に電流を流すと，電流の向きが図のように同じならば，導線間には吸引力が，また，電流の向きが互いに逆のときは反発力がはたらく．

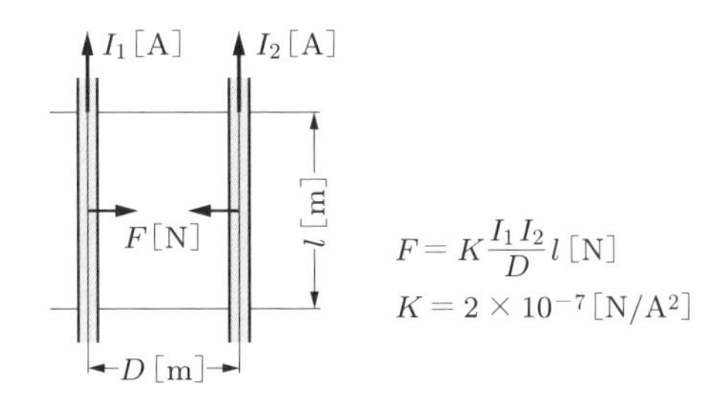

図 18.1　平行導線間にはたらく電磁力

いま，平行導線の各中心線の間の間隔を D [m]，導線 1, 2 に流れる電流の大きさをそれぞれ I_1, I_2 [A] とすると，導線の長さ l [m] の間に作用する力の大きさ F [N] は，導線の太さが間隔 D より十分小さければ電流 I_1, I_2 に比例し，導線の長さ l に比例し，間隔 D に反比例することが実験によって知られている．この関係は，比例定数を K として次のように表すことができる．

$$F = K\frac{I_1 I_2}{D} l \quad [\mathrm{N}] \tag{18.1}$$

ここで，比例定数 K は実験によれば次のような値である．

$$K \fallingdotseq 2 \times 10^{-7} \quad [\mathrm{N/A^2}]$$

この定数 K は，電気磁気全体の単位系の組立ての都合で次のように表される．

$$K = \frac{\mu_0}{2\pi} \quad \text{すなわち} \quad \mu_0 = 2\pi K = 1.26 \times 10^{-6} \fallingdotseq 4\pi \times 10^{-7} \quad [\mathrm{N/A^2}] = [\mathrm{H/m}] \tag{18.2}$$

この μ_0 は真空の**透磁率**とよばれる．μ_0 を用いると，式 (18.1) は次のように表される.

$$F = \frac{\mu_0}{2\pi}\frac{I_1 I_2}{D}l \quad [\mathrm{N}] \tag{18.3}$$

また，導線の単位長（1 [m]）あたりに作用する力 F_0 は，次のようになる.

$$F_0 = \frac{F}{l} = \frac{\mu_0}{2\pi}\frac{I_1 I_2}{D} \quad [\mathrm{N/m}] \tag{18.4}$$

両導線が平行でなく，図 18.2 のように斜めになると，吸引力または反発力の大きさは次第に小さくなり，互いに直角になると吸引力または反発力はなくなる．ただし，平行になろうとする偶力がはたらく.

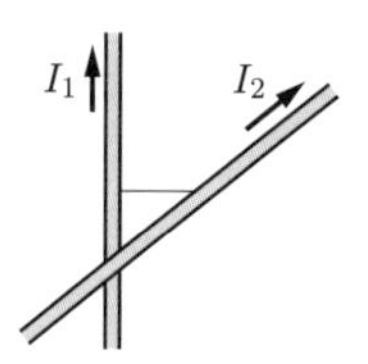

図 18.2 導線が互いに傾いているとき

18.2 磁 界

電荷と電荷との間に静電気力が作用することについては，空間をへだてて直接に電荷間に力がはたらくと考える代わりに，電荷の周囲には電界という特別な性質ができ，その電界のなかに存在するほかの電荷に力が作用すると考えた．それと同じように，電流と電流との間に作用する電磁力についても，空間をへだてて電流と電流との間に直接に力がはたらくと考える代わりに，電流のまわりの空間は，そこへ別の電流をもってくると力を受けるような特別な性質を帯びると考える．空間が帯びたこの特別な性質を**磁界**とよんでいる．ただし，磁界の場合は，その源になる電流にも，また，力が作用する電流にも，大きさだけでなく方向があるので，電荷と電界の場合のように簡単ではない.

そこで，まず磁界の方向を次のように決めている．磁界のなかに自由に向きを変えることのできる微小な磁針をおいたときに，磁針の向く方向を磁界の方向，N 極の指す方向をその向きとする（図 18.3).

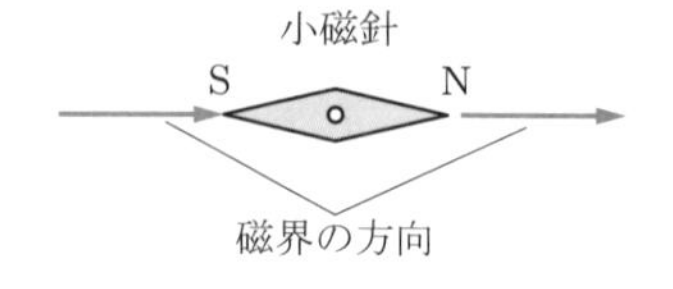

図 18.3 磁界の方向

18.3　直線状電流のまわりにできる磁界の方向

1 本の長い導線を垂直にして電流を流し，そのまわりに磁針をおくと，磁針は常に図 18.4 のように電流に対して直角の方向，すなわち，導線を軸とする円周の方向を指す．したがって，磁界は導線（電流）を中心軸として，これを取り巻く円周に沿ってできることになる．その向きは，電流の方向を右ねじの進行方向とすれば，右ねじを締める回転方向になる．

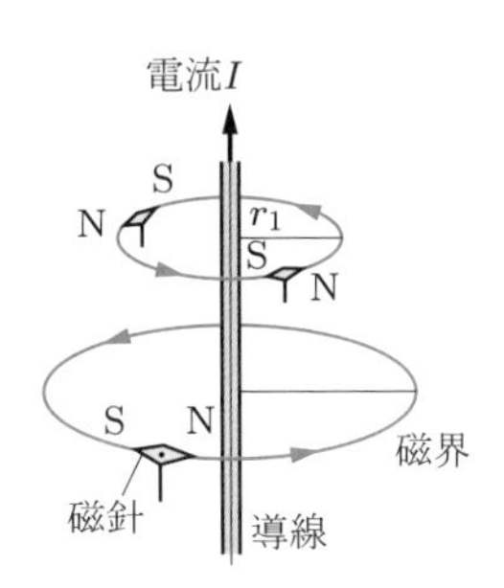

図 18.4　電流のまわりの磁界

18.4　磁界と電流と電磁力

平行な 2 本の導線に電流を流すと，図 17.5 または図 18.1 のように，両導線間に吸引力または反発力がはたらくが，電流 I_2 に作用する力を考えるときに，図 18.5 のように，まず電流 I_1 によって導線 1 のまわりにそれを中心軸とする円周状の磁界ができ，この磁界のなかに電流 I_2 が流れている導線 2 がおかれると，導線 2 はこの磁界によって図の F のような力を受け，結果的には導線 1 のほうに吸引力がはたらくと考える．図から明らかなように，この力 F は自身の電流 I_2 に直角に，また磁界にも直角にはたらくことになる．

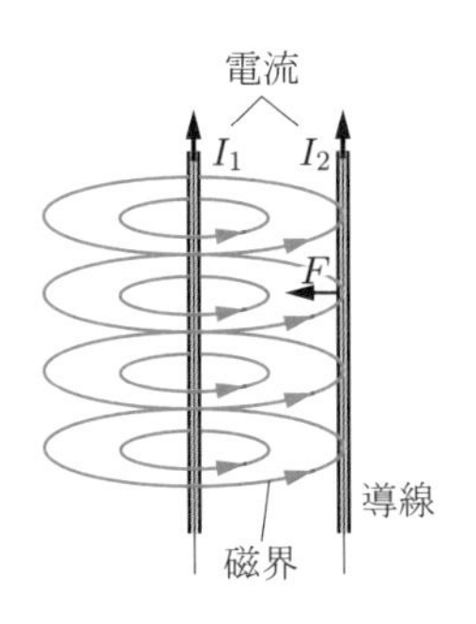

図 18.5　電流によってできた磁界のなかに電流がある

電流 I_2 の大きさが一定のとき，導線 2 にはたらく力は導線 1 からの距離 r に反比例するから，磁界は r に反比例して，I_1 に近づけば強くなると考えられる．一方，導線 1 は直線状であって，導線に沿った方向には状況の変化がないから，導線 1 から一定の距離 r の点，すなわち導線 1 を中心軸とする半径 r の円筒面上の点では，磁界はすべて等しい強さをもつと考えられる．また，導線 2 にはたらく電磁力は導線 1 の電流 I_1 に比例するから，I_1 から一定の距離 r の場所での磁界は I_1 に比例した強さをもつと考えられる．このように，磁界には方向と同時に強さがある．この強さは，たとえば，磁界中におかれた導線に単位電流を流したときに，その単位長あたりにはたらく力によって表すことができよう．このような磁界の大きさは，電界の強さと同様に，磁界の強さといいたいところであるが，従来の習慣によって，**磁束密度**とよばれ，その大きさは B で表される．磁束密度は大きさと同時に方向をもっているから，電界と同様にベクトル量である．ベクトル量であることを表示したいときは，ほかの場合と同様に太字 $\boldsymbol{B}$ が用いられる．B の単位については次の 18.5 節で述べる．

導線 1 にはたらく力も，上記と反対に，電流 I_2 によって生じた磁界のなかに電流 I_1 の流れる導線 1 をおいたものと考えればよい．

18.5 磁束密度

磁束密度の値と単位は，次のように定められている．図 18.6 のように，一様な磁束密度 B の磁界のなかに，電流 I [A] が流れている導線を磁界に直角においたときに（図 18.5 の I_2 の場合と同じ），導線には磁界の方向と電流の方向の両方に直角な方向（図 18.5 または 18.6 に示す方向）に電磁力が作用する．導線の長さ l [m] に作用する電磁力の大きさが F [N] ならば，その磁束密度 B は

$$B = \frac{F}{Il} \quad [\mathrm{N/Am}] = [\mathrm{T}] \quad （テスラ） \tag{18.5}$$

となる．

磁界が一様でない一般の場合には，空間のある点での磁束密度 B は，図 18.7 のよ

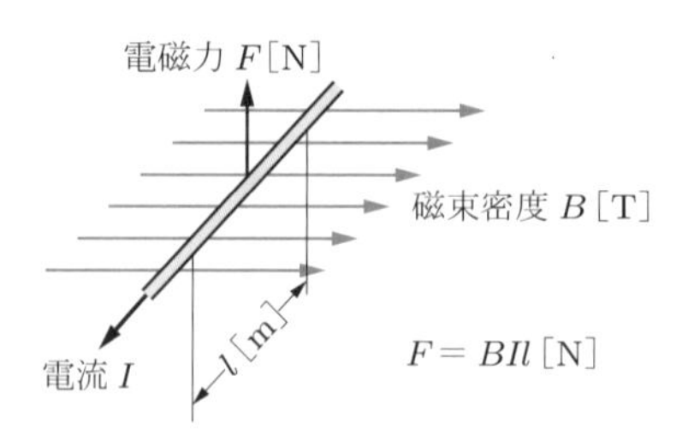

図 18.6 磁界中の電流にはたらく電磁力

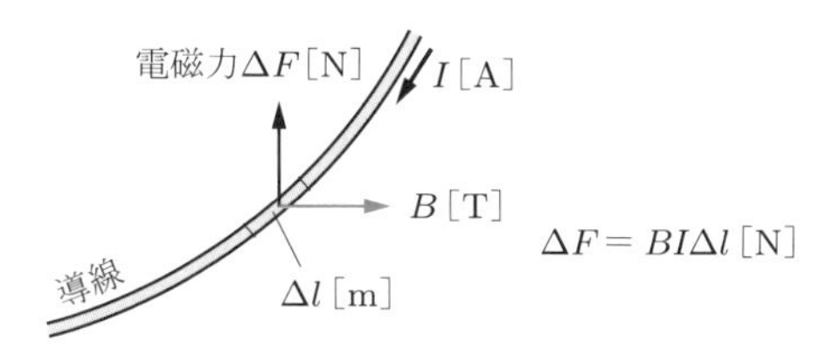

図 18.7　電磁力

うに，その点に I [A] の電流が流れている導線を磁界に直角においたときに，その導線の微小な長さ Δl [m]（その点を中心として磁束密度が一様と見なされる範囲）に作用する電磁力の大きさが ΔF [N] ならば，

$$B = \frac{\Delta F}{I\Delta l} \quad [\mathrm{T}] \tag{18.6}$$

と定義される．導線を磁界と直角にするには，導線にはたらく力が最大になる方向にすればよい．

18.6　磁力線

電界 E の分布の様子を見やすくするために電気力線が用いられるように，磁界 B の分布の様子を見やすくするために**磁力線**が用いられる．すなわち，磁界に沿った線で，その上の任意の点での接線の方向が常に磁界の方向に一致するような線を磁力線とする（図 18.8）．

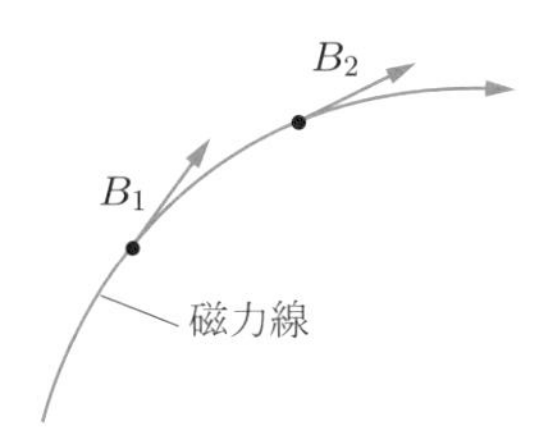

図 18.8　磁力線

また，磁力線は，それに直角な面を通り抜ける磁力線の単位面積あたりの数（線の密度）がその部分の磁束密度 B [T] の数値 B [本/m^2] に等しい密度で描く（図 18.9）．

磁界中の任意の 1 点の磁束密度は一つの値しかもたないから，磁力線も交差したり，枝分れしたりすることはなく，途中で消えたり湧き出したりすることもない，1 本の連続した線になる．しかし，電気力線と異なって，その端はなく，電流を取り巻く 1 本の環状の線になる．

図 18.10 に磁力線の例を示す．

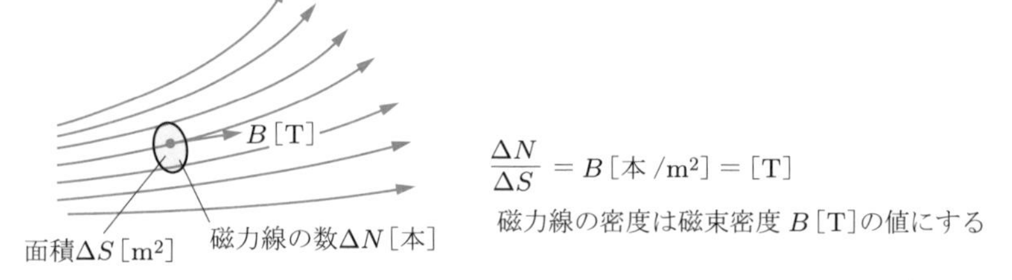

図 18.9 磁力線の密度と磁束密度

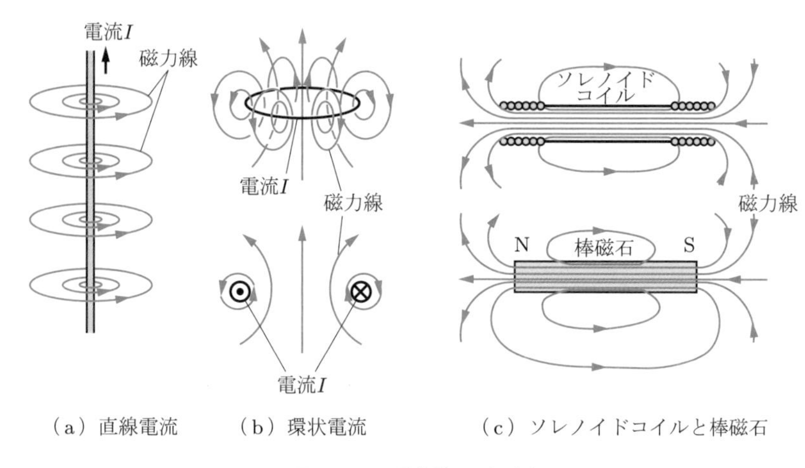

図 18.10 磁力線の形の例

演習問題

18.1 図 18.11 のような，中心間隔が 2 [cm] の平行導線にそれぞれ 300 [A] の電流が同方向に流れている．各導線にはたらく電磁力はどの方向か？ また，導線の長さ 50 [cm] あたりにはたらく力の大きさは何 [N] か？

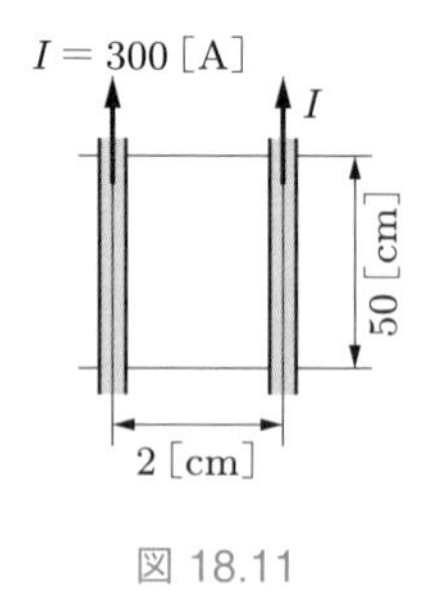

図 18.11

18.2 【演習問題 18.1】で，片方の導線の中心線の位置に生じている磁界の磁束密度はいくらか？

18.3 電流の流れている 2 本の導線が図 18.12 のように互いに直角になっているときは，両者間には吸引力または反発力ははたらかない．しかし，それ以外の力ははたらくか？

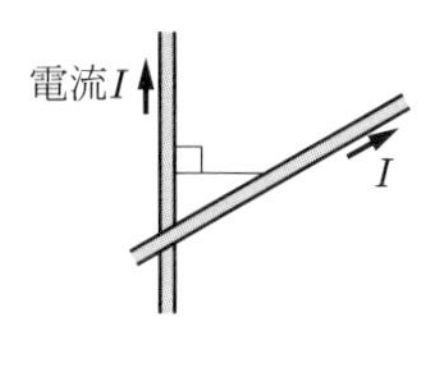

図 18.12

電流によって生じる磁界

19.1 直線電流のまわりの磁界

図 19.1 のように，間隔 r [m] の 2 本の平行導線 1, 2 にそれぞれ電流 I, I' [A] が同方向に流れているときに，両導線間に作用する導線の単位長あたりの吸引力の大きさ F_0 は，式 (18.4) より

$$F_0 = \frac{\mu_0}{2\pi}\frac{II'}{r} \quad [\mathrm{N/m}]$$

となる．導線 2 に着目すると，導線 2 はあらゆるところで導線 1 から等しい距離 r にあるから，導線は一様な磁束密度の磁界のなかにある．その磁束密度を B とすれば，導線 2 の単位長に作用する電磁力 F_0 は，18.5 節の磁束密度の定義から

$$F_0 = BI' \quad [\mathrm{N/m}]$$

となる．両者は同じものだから，次式が成り立つ．

$$BI' = \frac{\mu_0 II'}{2\pi r}$$

したがって，

$$B = \frac{\mu_0}{2\pi r}I\left(= 2\times 10^{-7}\frac{I}{r}\right) \quad [\mathrm{T}] \tag{19.1}$$

となる．すなわち，電流 I [A] が流れている直線状導線のまわりには，これを取り巻いて，導線からの距離 r に反比例する磁束密度の磁界が図 19.2 のような方向に生じる．電流を右ねじの進行方向とすれば，磁界はねじの回転方向になる．

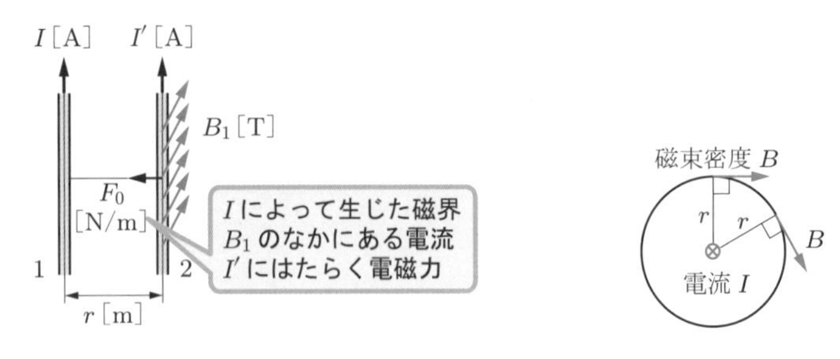

図 19.1　電流間の電磁力　　図 19.2　電流のまわりの磁界

19.2　ビオ - サバールの法則

直線状電流によってそのまわりに生じる磁界は 19.1 節のようになるが，これは直線状電流という特別な場合で，一般的でない．そこで，もっと一般的な形にしたのが，ビオ - サバールの法則である．

ビオ - サバールの法則は，図 19.3 のように，電流 I [A] が流れている導線の微小部分（素片）Δs [m] によって，そこから距離 r [m] にある 1 点 P に生じる磁界の磁束密度の値 ΔB [T] は，Δs 部分の電流の方向（導線の接線の方向）と直線 r の方向との間の角を θ とすると，

$$\Delta B = \frac{\mu_0}{4\pi}\frac{I\sin\theta}{r^2}\Delta s \quad [\mathrm{T}] \tag{19.2}$$

で，その方向は Δs 部分の電流 I と直線 r の両方に直角に，電流を右ねじの進行方向としたときの，ねじの回転の向きに生じるというものである．この関係は，あらゆる場合に当てはまることが確かめられている．

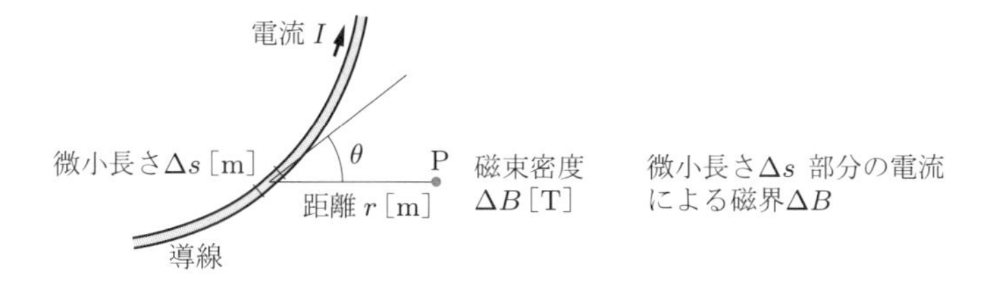

図 19.3　ビオ - サバールの法測

19.3　ビオ - サバールの法則の応用

例 19.1　直線状電流によって生じる磁界

これはすでに 19.1 節で値がわかっているが，ビオ - サバールの法則を用いて求めてみる．

図 19.4 のように，電流 I [A] が流れている無限に長い直線状導線から距離 D [m] 離れた点を P とし，点 P から導線に下ろした垂線の足を原点 O とし，O から導線に沿って任意の長さ s [m] の位置にある導線の微小な長さを ds [m] とする．ds から点 P までの距離が式 (19.2) の r，導線と r との間の角が θ になる．ds 部分の電流によって点 P に生じる磁界の磁束密度 dB の値は，ビオ - サバールの法則を表す式 (19.2) で求められるが，いまの場合，図 19.4 からわかるように

$$r^2 = D^2 + s^2, \quad \sin\theta = \frac{D}{r} = \frac{D}{\sqrt{D^2 + s^2}}$$

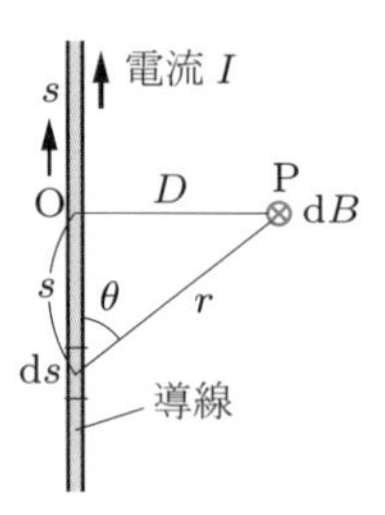

図 19.4 無限長導線のまわりの磁界

の関係があるから，式 (19.2) の ΔB, Δs を無限小値 $\mathrm{d}B$, $\mathrm{d}s$ で表すと次のようになる．

$$\mathrm{d}B = \frac{\mu_0}{4\pi}\frac{I\sin\theta}{r^2}\mathrm{d}s = \frac{\mu_0}{4\pi}\frac{I}{D^2+s^2}\frac{D}{\sqrt{D^2+s^2}}\mathrm{d}s = \frac{\mu_0 ID}{4\pi}\frac{\mathrm{d}s}{(D^2+s^2)^{3/2}} \quad [\mathrm{T}]$$

磁界の方向は，どの位置の $\mathrm{d}s$ に対しても常に導線に直角に紙面の手前から裏に向かう同じ方向になる．したがって，全導線の電流によって点 P に生じる磁界の磁束密度 B は，導線上のすべての $\mathrm{d}s$ 部分の電流による磁束密度 $\mathrm{d}B$ を足しあわせたものに等しい．したがって，B の値は上の $\mathrm{d}B$ の値を $s=-\infty$ から $s=+\infty$ まで積分すれば得られる．すなわち，

$$\begin{aligned} B &= \int_{s=-\infty}^{s=+\infty}\mathrm{d}B = \frac{\mu_0 ID}{4\pi}\int_{-\infty}^{\infty}\frac{\mathrm{d}s}{(D^2+s^2)^{3/2}} \\ &= \frac{\mu_0 ID}{4\pi}\left[\frac{1}{D^2}\frac{s}{\sqrt{D^2+s^2}}\right]_{-\infty}^{\infty} = \frac{\mu_0 I}{4\pi D}(1+1) = \frac{\mu_0 I}{2\pi D} \quad [\mathrm{T}] \end{aligned}$$

となって，式 (19.1) の r を D としたものに一致する．

例 19.2 有限長直線電流による磁界

電流の流れている導線が図 19.5 のように有限長の場合は，点 P から下ろした垂線

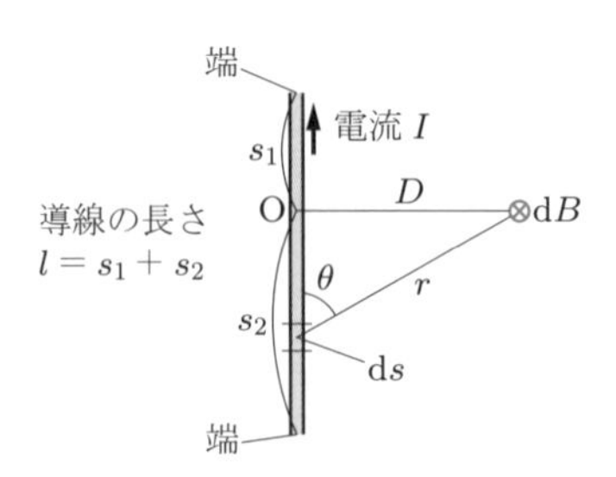

図 19.5 有限長導線の電流による磁界

の足 O から上下端までの長さを図のようにそれぞれ s_1, s_2 [m] とすれば，【例 19.1】と同様にして，

$$B = \int_{s=-s_2}^{s=s_1} \mathrm{d}B = \frac{\mu_0 ID}{4\pi}\int_{-s_2}^{s_1}\frac{\mathrm{d}s}{(D^2+s^2)^{3/2}} = \frac{\mu_0 ID}{4\pi}\left[\frac{1}{D^2}\frac{s}{\sqrt{D^2+s^2}}\right]_{-s_2}^{s_1}$$

$$= \frac{\mu_0 I}{4\pi D}\left[\frac{s_1}{\sqrt{D^2+{s_1}^2}} + \frac{s_2}{\sqrt{D^2+{s_2}^2}}\right] \quad [\mathrm{T}] \qquad (19.3)$$

となる．

例 19.3　円形電流の軸上に生じる磁界

図 19.6 のように，半径 a [m] の円環状導線に，図の矢印の方向に I [A] の電流が流れているとき，円の軸上，円の中心 O から x [m] の点での磁束密度を求める．

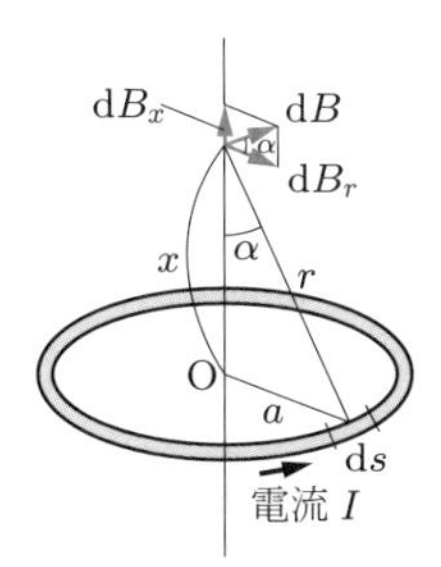

図 19.6　円環状電流による軸上の磁界

円周上の微小部分 ds [m] の電流によって円の軸上 x の点に生じる磁束密度 dB は，式 (19.2) で $\theta = \pi/2$, $r^2 = a^2 + x^2$ とすればよいから，

$$\mathrm{d}B = \frac{\mu_0 I}{4\pi(a^2+x^2)}\mathrm{d}s \quad [\mathrm{T}]$$

で，その方向は図のように r に直角，ds に直角になる．この dB を軸方向の成分 dB_x と軸に直角な方向の成分 dB_r とに分けると，dB_r は必ず ds とちょうど反対側の円環の部分の電流によって点 x にできる反対方向の dB_r によって打ち消され，軸方向の磁束密度の成分 dB_x だけが同方向になって足しあわされることになる．したがって，結局，磁界は軸方向だけになり，

$$\mathrm{d}B_x = \frac{a}{r}\mathrm{d}B = \frac{a}{\sqrt{a^2+x^2}}\mathrm{d}B = \frac{\mu_0 Ia}{4\pi(a^2+x^2)^{3/2}}\mathrm{d}s \quad [\mathrm{T}]$$

であるから，x 点での磁束密度 B は軸方向に

$$B = \int_{s=0}^{s=2\pi a} \mathrm{d}B_x = \frac{\mu_0 Ia}{4\pi(a^2+x^2)^{3/2}} \int_0^{2\pi a} \mathrm{d}s = \frac{\mu_0 Ia}{4\pi(a^2+x^2)^{3/2}} 2\pi a$$

$$= \frac{\mu_0 a^2}{2(a^2+x^2)^{3/2}} I \quad [\mathrm{T}] \tag{19.4}$$

円の中心点Oでの磁束密度は，式(19.4)で $x=0$ とすればよいから，

$$B_{x=0} = \frac{\mu_0}{2a} I \quad [\mathrm{T}] \tag{19.5}$$

となる．

19.4 アンペールの周回積分則

電流 I [A] が流れている直線状導線のまわりの磁界は図19.7のように導線を軸とする円周の方向に生じ，その磁束密度 B は，導線からの距離を r [m] とすれば，式(19.1)より

$$B = \frac{\mu_0}{2\pi r} I \quad [\mathrm{T}]$$

となる．この B の値に，半径 r [m] の円周上の微小な長さ $\mathrm{d}s$ をかけたものを円周に沿ってひとまわり積分すると，磁界はあらゆるところで $\mathrm{d}s$ の方向に一致し，また，B の値は円周上のあらゆるところで一定だから

$$\oint B\mathrm{d}s = \frac{\mu_0 I}{2\pi r} \int_0^{2\pi r} \mathrm{d}s = \frac{\mu_0 I}{2\pi r} 2\pi r = \mu_0 I \quad [\mathrm{Tm}] \tag{19.6}$$

となる．これは積分路である円の半径 r には無関係であることがわかる．

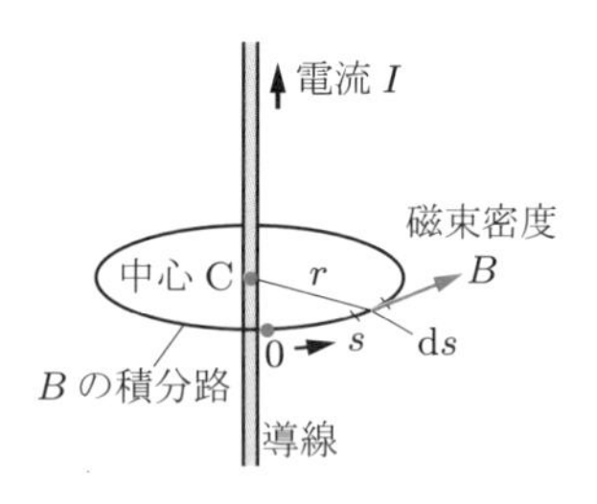

図19.7 電流のまわりの B の線積分

ここでは，簡単のために，積分路に沿っての磁束密度の成分が一定であるような円形の積分路を用いたが，実は電流をひとまわりするものであれば，積分路がどのような形でもその積分路に沿った磁束密度の成分と積分路の素片との積の積分（線積分）値はすべて式(19.6)の $\mu_0 I$ になる（計算は省略）．

さらに，電流が直線状でなくても，図 19.8(a) のように積分路が電流を取り巻く（鎖の結合のように抜けないので**鎖交**という）ならば，積分路の形に無関係に，積分路に沿っての磁束密度の周回線積分値は常に $\mu_0 I$ になることが証明されている（証明省略）．したがって，積分回路が図 (b) のように電流と鎖交していないときは，磁束密度の周回線積分値は 0 になる．

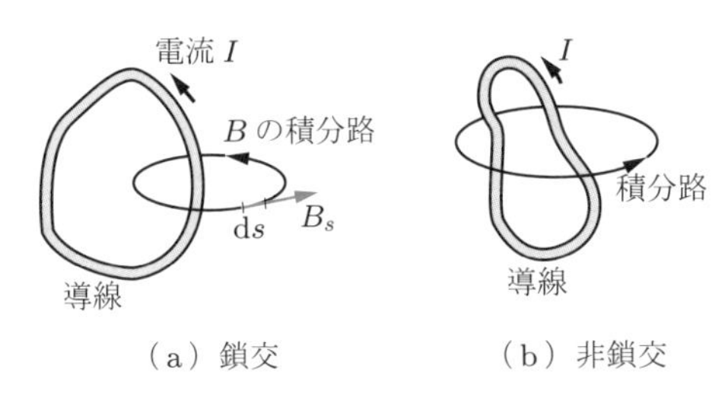

図 19.8　電流路と積分路と鎖交

また，積分路と鎖交している電流が複数あるときには（図 19.9），式 (19.6) の電流 I の代わりに，複数の電流の代数和 $\sum I$ になる．積分路と鎖交する電流が個々の導線に流れるものでなく，分布して流れる場合にも当てはまり，そのときは積分路に囲まれた面を通過する全電流をとればよい．

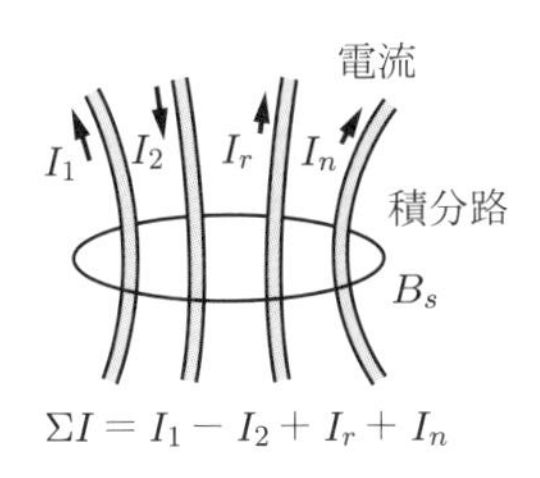

図 19.9　複数の電流と鎖交する積分路

以上のことは，要するに，ある積分路に沿っての磁束密度の周回線積分の値は，積分路の形には無関係に，それと鎖交する全電流に μ_0 をかけた値に等しいということである．この関係は**アンペールの周回積分則**とよばれる．これは電荷についてのガウスの定理に対応すると考えることができる（磁力線についてのガウスの定理もあるが，磁力線には端がないので，任意の閉曲面を通過して出て行く磁力線の数は常に 0 である）．これを一般的な形の数式で表せば，任意の積分路に沿っての磁束密度の成分を B_s，積分路の素片を ds，積分路と鎖交する電流の総代数和を $\sum I$ [A]，または積分路に囲まれた面積 S 上の面積素片を dS，その場所の電流密度の dS に垂直な成分を J_S [A/m$_2$] とすれば，アンペールの周回積分則は次のように表される．

$$\int B_s \mathrm{d}s = \mu_0 \sum I \quad [\mathrm{Tm}] \quad （電流が線状のとき） \tag{19.7}$$

または

$$\int B_s \mathrm{d}s = \mu_0 \int_S J_S \mathrm{d}S \quad [\mathrm{Tm}] \quad （電流が分布しているとき） \tag{19.7$'$}$$

19.5　アンペールの周回積分則の応用

電流の流れる導体の形からおおよその磁界の分布が物理的に予想されるときに，アンペールの周回積分則を利用して磁束密度の値とその分布を求めることができる．ここでは，簡単な例をあげるにとどめよう．

例 19.4　円筒導体のまわりの磁界

これまで，電流の流れる導線の太さは無視して考えてきたが，実際の導線には太さがある．図 19.10(a) のような，断面が半径 a [m] の円形で，長さが無限に長い円筒導体があって，円筒軸の方向に一様な密度で電流 I [A] が流れているときの，導体の内外に生じる磁界の磁束密度 B の値を求める．

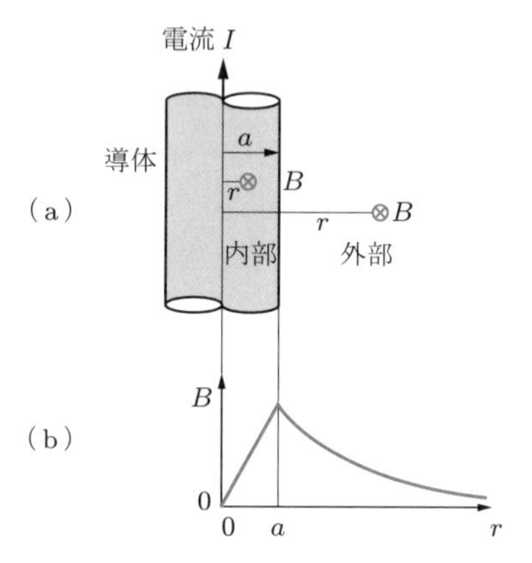

図 19.10　一様な密度で電流が流れている円柱状導体のまわりの磁界

円筒導体の軸対称性と長さの方向に状況の変化がないことから，磁界は導体の中心軸を中心とする円周方向に生じ，軸方向の磁界の成分はないと考えられる．そして，中心軸からの距離 r が一定ならば軸方向には磁界の変化はなく，また，軸上の点を中心とする円周方向にも変化がないと考えられる．すなわち，磁束密度 B は r だけの関数と考えられる．

そこで，r が一定の円周に沿って磁束密度 B の周回線積分を行えば，円周上の円周

方向の B の値は一定だから

$$\oint B_s \mathrm{d}s = B\oint_0^{2\pi r} \mathrm{d}s = 2\pi r B \quad [\mathrm{Tm}]$$

となる.

一方，積分路である円の半径 r が導体の半径 a より大きいか小さいかによって，積分路と鎖交する全電流の大きさが異なるから，範囲を次のように分けて考える.

$r \geqq a$ の範囲では，鎖交電流は常に I [A] の一定値だから，アンペールの周回積分則は

$$2\pi r B = \mu_0 I \qquad \therefore B = \frac{\mu_0}{2\pi r} I \quad [\mathrm{T}] \tag{19.8}$$

となり，電流が軸に集中して流れる場合と同じになり，B は軸からの距離 r に反比例する.

$r < a$ の範囲では，鎖交電流は I よりも小さくなり，全電流 I が断面積 πa^2 [m^2] に一様な密度で流れていることを考えれば，鎖交電流は

$$\frac{\pi r^2}{\pi a^2} I = \frac{r^2}{a^2} I \quad [\mathrm{A}]$$

となるから，アンペールの周回積分則は

$$2\pi r B = \mu_0 \frac{r^2}{a^2} I \qquad \therefore B = \frac{\mu_0 r}{2\pi a^2} I \quad [\mathrm{T}] \tag{19.9}$$

となる．すなわち，B は r に比例し，円筒導体の中心軸上では磁界はなくなる.

r が導体の半径 a に等しい導体表面上では，式 (19.8), (19.9) はいずれも

$$B = \frac{\mu_0}{2\pi a} I \quad [\mathrm{T}]$$

となって一致する．したがって，導体の中心軸からの距離 r と磁束密度 B との関係は図 19.10(b) のようになる.

例 19.5　無限長ソレノイドコイルのなかの磁界

図 19.11(a) のように，一定の半径で導線を密接して円筒形に巻いたものを**ソレノイドコイル**という．このソレノイドコイルが円筒軸方向に無限に長いと仮定して，軸方向の単位長あたりのコイルの巻数が n_0 [回/m] で，コイルの導線に I [A] の電流が流れているときの，コイルの内外の磁界の磁束密度 B [T] の値をアンペールの周回積分則を応用して求めよう.

物理的に考えると，ソレノイドの構造の対称性から，磁界はコイルの軸方向および軸を中心とする円周方向には変化がなく，軸から遠ざかる半径方向にだけ変化があり，さらに電流の方向から考えると，電流の軸方向成分（コイルが，ら線だから）を無視

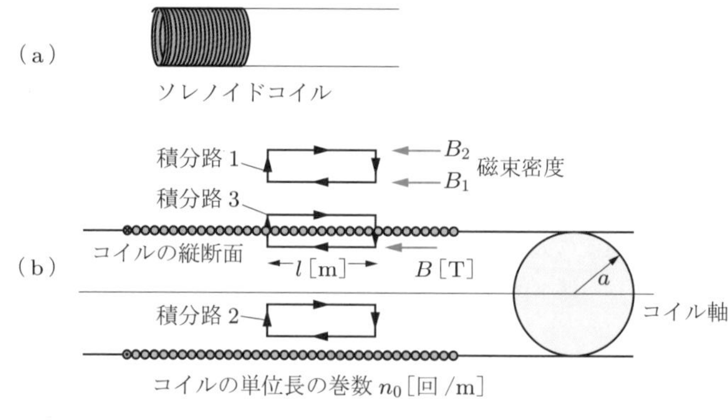

図 19.11 無限長ソレノイドコイルとアンペールの周回積分

すれば，磁界はすべてコイル軸に平行と考えられる．

そこで，図 19.11(b) で，コイルの外側にコイル軸を含む平面上で，相対する 1 対の辺が軸に平行で長さが l [m]，ほかの相対する 1 対の辺が軸に直角な長方形の積分路 1 を考える．軸に直角な辺ではその方向の磁界はなく，軸に平行な辺に沿った磁束密度を図のように B_1, B_2 とすれば，この積分路に沿った磁束密度の周回積分は

$$\oint B_s \mathrm{d}s = B_1 l - B_2 l = (B_1 - B_2) l$$

となる．ところが，この積分路と鎖交する電流はないから，周回積分則から

$$B_1 - B_2 = 0 \quad \therefore B_1 = B_2$$

となる．この長方形の積分路は任意に選べるから，コイルの外側ではあらゆるところで磁束密度は等しいことになる．しかし，コイルの軸から無限に遠ざかった場所では磁界はなくなると考えられるから，結局コイルの外側ではあらゆるところで

$$B_1 = B_2 = 0$$

である．すなわち，コイルの外側に磁界はないことになる．

また，コイルの内側に同様な長方形の積分路 2 を考えた場合も，これに鎖交する電流はないから，あらゆるところで磁束密度は等しいことになる．しかし，この場合は磁界は存在すると考えられるから，コイル内部ではあらゆるところで一様な磁束密度の磁界が存在することになる．

次に，コイルの内外にまたがった積分路 3 を考える．このときは，コイルの外にある辺に沿った磁界はなく，内側にある辺に沿っては一様な磁界があるはずだから，その磁束密度を B [T] とすると，周回積分値は Bl になるが，この積分路 3 に鎖交する電流の総和は図からわかるように $n_0 l I$ だから，周回積分則から，コイル内部の磁束密度 B は次のように得られる．

$$Bl = \mu_0 n_0 l I \quad \therefore B = \mu_0 n_0 I \quad [\mathrm{T}] \tag{19.10}$$

例 19.6 無端ソレノイドコイルのなかの磁界

ソレノイドコイルの軸を図 19.12 のように円形にし，両端をつなげたものを**無端ソレノイドコイル**という．コイルの構造の対称性から，コイルに電流を流したときに生じる磁界はコイル軸の円周方向には変化がなく一様で，コイル軸方向のわずかな電流の成分を無視すれば，コイル電流の方向を考えると，磁界はすべてコイル軸の円と同軸の円周方向を向くと考えられる．

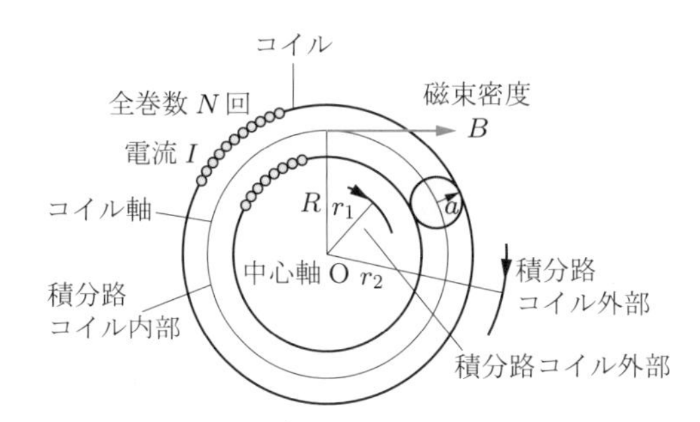

図 19.12 無端ソレノイドコイルとアンペールの周回積分

いま，コイル軸の円の中心軸 O（図 19.12 参照）を中心とする半径 r [m] の円形積分路をコイルの内部にとり，これに沿って磁束密度 B の周回積分をすると，円周に沿っての B の値は一定と考えられるから

$$\oint B_s \mathrm{d}s = \oint B \mathrm{d}s = B \oint \mathrm{d}s = 2\pi r B$$

となる．これに鎖交する電流の総和は，コイルの電流を I [A]，コイルの全巻数を N 回とすれば，NI [A] だから，アンペールの周回積分則は

$$2\pi r B = \mu_0 N I$$

となる．したがって，半径 r の円周に沿った磁束密度 B の値は次のようになる．

$$B = \frac{\mu_0 N I}{2\pi r} = \frac{\mu_0 N I}{l} \quad [\mathrm{T}] \tag{19.11}$$

ただし，$l = 2\pi r$ は積分路の長さである．

この B の値は積分路の半径 r によって変わり，中心軸 O に近い（r が小さい）ほど大きくなる．したがって，コイル内部の B の値はコイルの断面にわたって一様ではない．しかし，コイルの半径 a がコイル軸の半径 R に比べて十分小さいときは，コイルの軸上の B の値は断面内の磁束密度の平均値にほぼ等しい．

積分路がコイルの外部にあるときは，これに鎖交する電流はないから

$$2\pi r B = 0 \quad \therefore B = 0$$

となる．すなわち，コイルの外部には磁界はない．

演習問題

19.1 5 [A] の電流が流れている直線状導線の中心線から 3 [cm] 離れた点での磁束密度はいくらか？

19.2 中心線間隔 $D = 10$ [cm] の平行導線に互いに反対方向に等しい大きさの電流 $I = 50$ [A] が流れているとき（図 19.13），両導線を含む平面内で，一方の導線の中心線から距離 3 [cm] の点でのその磁束密度はいくらになるか？

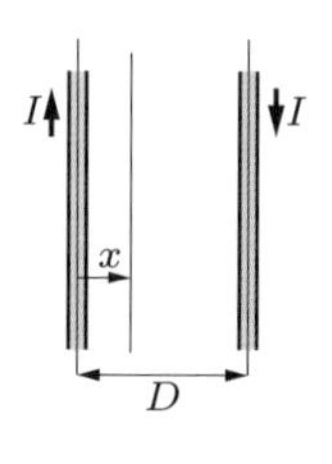

図 19.13

19.3 【演習問題 19.2】で，両平行導線を含む面内の磁界の磁束密度 B は，片方の導線（半径 $a = 1$ [mm]）の表面から他方の導線の表面までにどのように変化するか？ 片方の導線の中心線からの距離 x と B との関係の大体のグラフを描きなさい．

19.4 半径 $a = 20$ [cm] の円形の導線環に，図 19.14 のように電流 $I = 4$ [A] を流すと，円の中心に生じる磁界はどの方向で，磁束密度はいくらか？

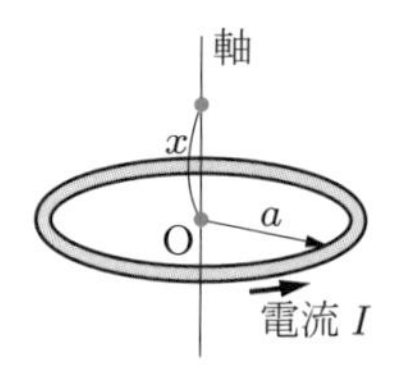

図 19.14

19.5 図 19.14 の円環導体の中心軸上の磁束密度 B の値は，円の中心 O からの距離 x の変化に対してどのような変化をするか？ 吟味して大体のグラフを描きなさい．

19.6 図 19.15 のような一辺の長さが $a = 10$ [cm] の正方形の導線枠に電流 $I = 4$ [A] を流したときの，正方形の中心 O での磁束密度の値を求めなさい．

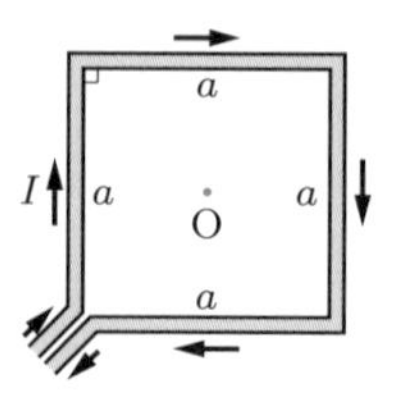

図 19.15

19.7 図 19.16 のような同軸円筒導体がある．内導体の外半径は a [m]，外導体の内半径は b [m]，外導体の外半径は c [m]．内導体と外導体には等しい大きさの電流が互いに反対方向に，導体中をそれぞれ一様な密度で流れている．中心軸から距離 r [m] での磁束密度 B [T] はどんな値になるか？ $r < a$, $a \leqq r \leqq b$, $b < r \leqq c$, $r > c$ の範囲に分けて考えなさい．

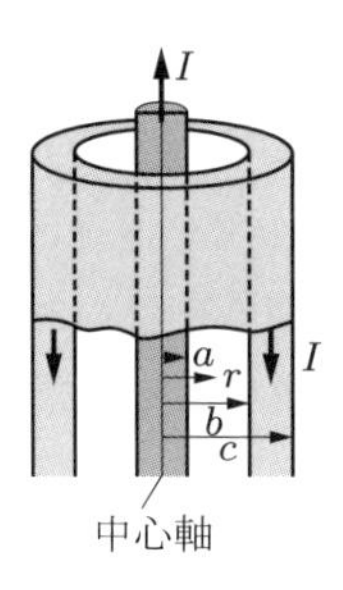

図 19.16

電磁力

20.1 磁界中の電流に作用する電磁力

電流と電流との間に力がはたらく作用を，電流があるとそのまわりに磁界ができ，その磁界のなかに電流の流れている導体をおくと，それに力がはたらくと考えた．この電流に作用する力によって磁界の磁束密度を定義した．そしてこれまでは，電流のまわりにどんな磁界ができるかを考えた．

この章では，磁界を生じた原因の電流がどのようなものであっても，ある磁界のなかに電流の流れている導体がおかれたときにどのような力がはたらくかを考える．

図 20.1 のように，間隔 r [m] の平行導線 1, 2 にそれぞれ電流 I_1, I_2 [A] が流れているときに，導体 2 に作用する単位長あたりの力 F_0 は

$$F_0 = \frac{\mu_0 I_1 I_2}{2\pi r} \quad [\mathrm{N/m}]$$

であることはすでに 18 章で説明した．また，電流 I_1 によって導体 2 の位置に生じる磁界は一様で，磁束密度 B の大きさは 19 章で説明したように

$$B = \frac{\mu_0 I_1}{2\pi r} \quad [\mathrm{T}]$$

だから

$$F_0 = BI_2 \quad [\mathrm{N/m}]$$

となる．したがって，導線 2 の微小な長さ Δs [m] の部分にはたらく力 ΔF の大き

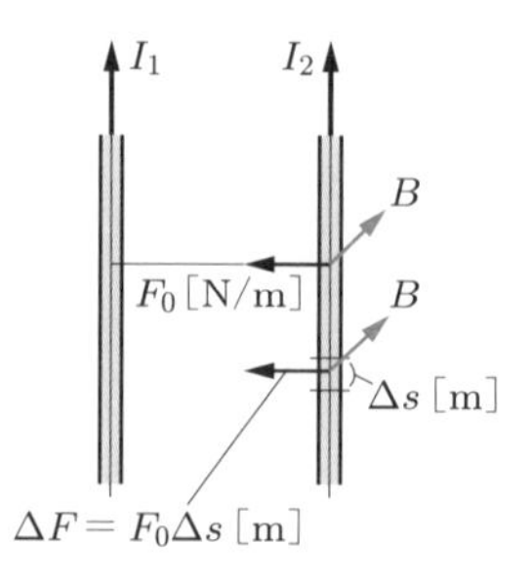

図 20.1　磁界中の電流にはたらく力

さは

$$\Delta F = F_0 \Delta s = BI_2 \Delta s \quad [\mathrm{N}]$$

で，その方向は磁界と電流との両方に直角に図の方向に向く．

また，実験によれば，導線 1，2 を平行でなく，図 20.2 のように傾けると，両導線間の吸引力は次第に小さくなり，平行状態からの傾きの角 α が直角になると吸引力はなくなる．

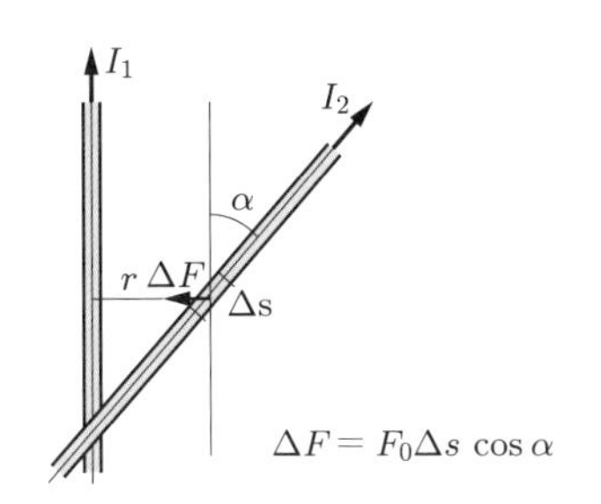

図 20.2 両導線が平行でない場合

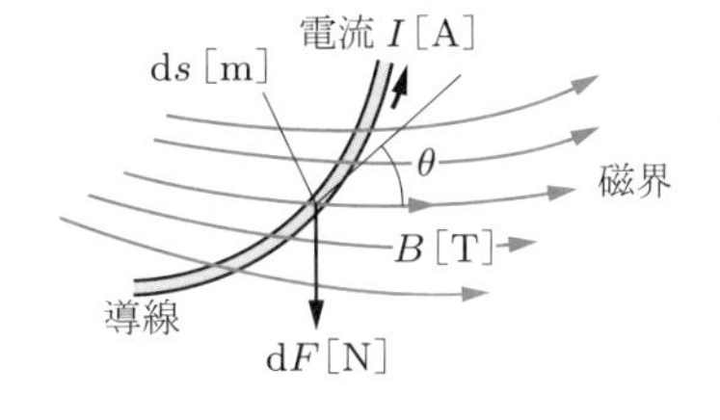

図 20.3 磁界中の電流素辺にはたらく力

そこで，磁界中の電流にはたらく力を，次のような一般的な形で表すことができる．すなわち，図 20.3 のように，磁界が存在する空間中の磁束密度 B [T] の一点に，電流 I [A] が流れている導線があり，この点での磁界の方向と，その点の導線の微小部分 ds [m] との間の角が θ のとき，この ds の部分に作用する電磁力 dF は

$$\mathrm{d}F = BI \sin\theta \mathrm{d}s \quad [\mathrm{N}] \tag{20.1}$$

で，その方向は磁界と電流との両方に直角に図の方向にはたらく．この磁界と電流と力の方向の関係を記憶するのに，左手の親指，人差指，中指を図 20.4 のように互いに直角に開いたときに，人差指の方向を磁界，中指を電流の方向とすると，親指の方向が電磁力の方向と覚えればよい．この方法は**フレミングの左手則**とよばれている．

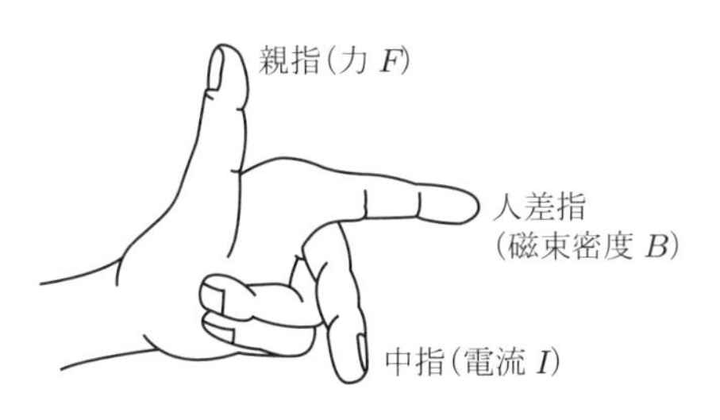

図 20.4 フレミングの左手則（電磁力）

例 20.1 一様磁界中に直角におかれた直線電流にはたらく電磁力

図 20.5 のように，一様な磁束密度 B [T] の磁界に直角に電流 I [A] が流れている導線の長さ l [m] の部分にはたらく電磁力 F は，式 (20.1) より

$$F = BIl \quad [\mathrm{N}] \tag{20.2}$$

となる．

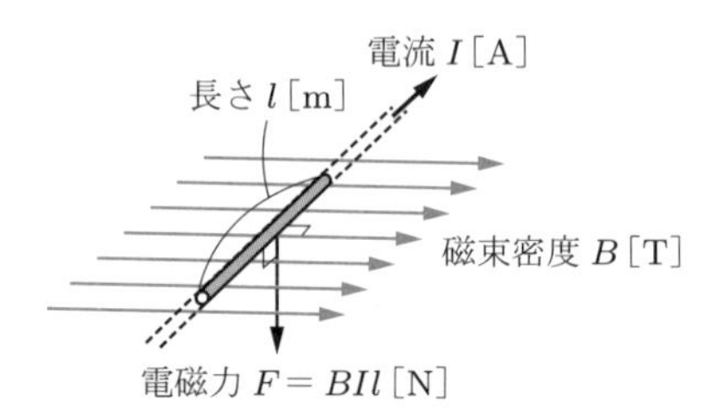

図 20.5 一様磁界に直角に流れる電流にはたらく電磁力

20.2 環状電流に作用する電磁力

図 20.6(a) のように，一様な磁束密度 B [T] の磁界のなかに，相対する 2 対(つい)の辺の長さがそれぞれ a, b [m] の長方形の導線枠をおき，その 1 対(つい)の長さ b の辺の中点を通る直線を軸として回転できるようにし，この軸を磁界に直角にし，導線枠に I [A] の電流を流したときに，この導線枠にはたらく電磁力を考える．

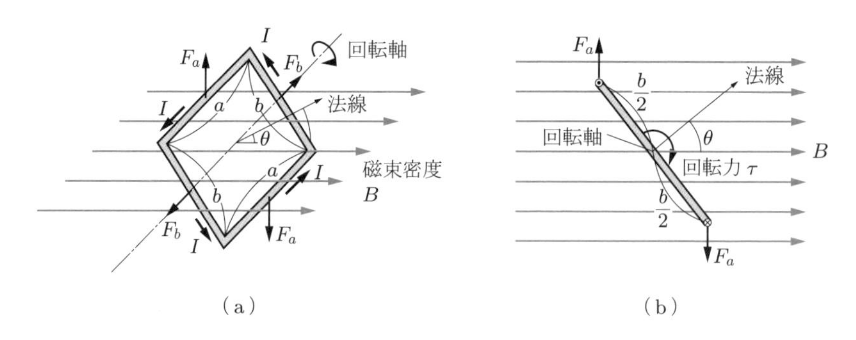

図 20.6 一様磁界中の電流枠にはたらく回転力（トルク）

いま，導線枠の面の法線と磁界との間の角を図のように θ とする．電流が手前向きに流れている長さ a [m] の上部の導線にはたらく力 F_a は，【例 20.1】に相当して，図 20.6(b) のように磁界と長さ a [m] の辺の両方に直角に上向きに

$$F_a = BIa \quad [\mathrm{N}]$$

となる．また，電流が奥向きに流れている長さ a [m] の下部の導線には，上と等しい大きさの力が下向きにはたらく．

軸に直角な長さ b [m] の辺にはたらく力 F_b の大きさは

$$F_b = BIb\sin\left(\frac{\pi}{2} - \theta\right) \quad [\mathrm{N}]$$

となるが，その方向は図の状態では，手前の長さ b [m] の辺には手前向き，向こう側の長さ b [m] の辺には向こう向きで，どちらも軸上にはたらくから互いに打ち消しあって，導線枠を動かすような力にはならない．

1対（つい）の力 F_a は偶力となって，軸のまわりに**トルク**（回転力）が生じる．図 20.6 の状態では，偶力の腕の長さは $\dfrac{b}{2}\sin\theta$ [m] だから，軸のまわりのトルク τ は

$$\tau = 2F_a\frac{b}{2}\sin\theta = BIab\sin\theta \quad [\mathrm{Nm}] \tag{20.3}$$

となる．

ab [m^2] は導線枠の囲む面積だから，これを S [m^2] とすれば，式 (20.3) は次のように表される．

$$\tau = BIS\sin\theta \quad [\mathrm{Nm}] \tag{20.4}$$

ここでは簡単のために長方形の導線枠を考えたが，実は導線枠の形は環状ならばどのような形でも，その囲む面積を S [m^2] とすれば式 (20.4) の関係が成り立つ（図 20.7）ことが証明されている（証明省略）．IS を**磁気双極子モーメント**ということがある．

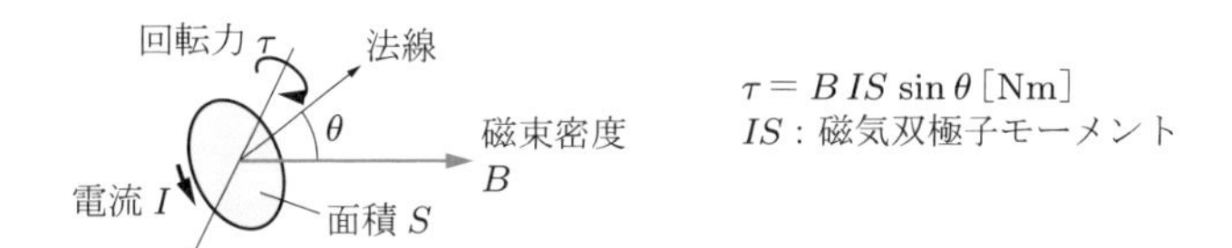

図 20.7　磁界中の電流環にはたらく回転力

20.3　磁界中の運動電荷に作用する電磁力

磁界中におかれた電流の流れている導線に力がはたらくのは，実は導線に直接に力がはたらくのではなく，導体のなかを動いている電荷（金属導体では電子）に力がはたらくためであることがわかっている．

導線に I [A] の電流が流れているとき，導線に沿った単位長あたりの運動電荷の線密度を q_l [C/m]，微小時間 Δt [s] の間に導線の一断面を通過する電荷量を Δq [C]，電荷の移動した距離を Δs [m]，電荷の移動速度を v [m/s] とすれば，導線の長さ Δs の部分にはたらく電磁力 ΔF は，その部分の磁界の磁束密度を B [T]，B と I との間の角を θ とすると，式 (20.1) から（図 20.8(a)）

$$\Delta F = BI \sin\theta \Delta s \quad [\mathrm{N}]$$

である．このなかで電流 I は

$$I = \frac{\Delta q}{\Delta t} = \frac{q_l \Delta s}{\Delta t} = q_l v \quad [\mathrm{A}]$$

と表され，また

$$q_l \Delta s = \Delta q \quad [\mathrm{C}]$$

だから，ΔF は

$$\Delta F = B q_l v \sin\theta \Delta s = B \Delta q v \sin\theta \quad [\mathrm{N}]$$

と表せる．

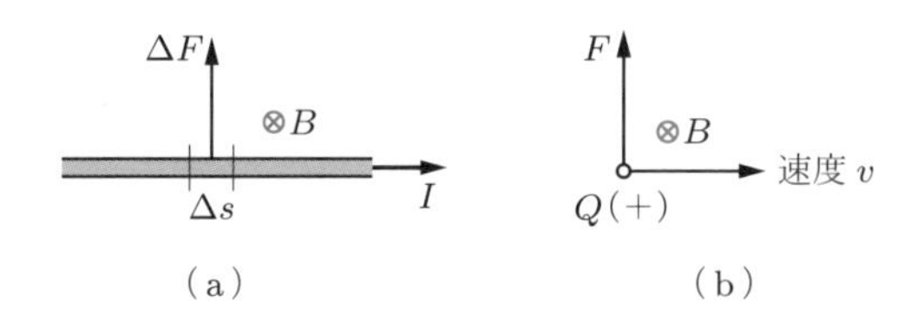

図 20.8　磁界中の運動電荷にはたらく電磁力

これから，導線中でなくても，一般に Q [C] の電荷をもつ粒子が，磁束密度 B [T] の磁界中を磁界と角 θ をなす方向に速度 v [m/s] で運動するときは，粒子は B と v との両方に直角な方向（フレミングの左手則）に（図 20.8(b)）

$$F = BQv \sin\theta \quad [\mathrm{N}] \tag{20.5}$$

の力を受けるということができる．この関係は，式 (20.1) よりも実はもっと一般的で本質的な電磁力を表すものということができる．そして，多くの実験で実証されている．

これは次のように考えることができる．磁束密度 B [T] の磁界のなかを，それと角 θ をなす方向に電荷（一般に観測者）が速度 v [m/s] で走ると，電荷（観測者）にとっては B と v の両方に直角の方向に

$$E' = Bv\sin\theta \quad [\mathrm{V/m}]$$

の電界があるように見える．したがって，電荷が $Q\,[\mathrm{C}]$ ならば，それに

$$F = E'Q\ (= BQv\sin\theta) \quad [\mathrm{N}]$$

の力，すなわち式 (20.5) の力がはたらく．さらに一般的には電荷（一般に観測者）が静止していて，磁界のほうが反対方向に速度 v で動いても同じ，すなわち，v は磁界と電荷（観測者）との相対速度と考えても同じであると考えられる．これは式 (20.5) の電磁力よりももっと一般的な原理であって，21 章の電磁誘導現象や電磁波にもつながるものである．

演習問題

20.1 図 20.9 のように一様な磁束密度 $B = 0.5\,[\mathrm{T}]$ の磁界のなかに，磁界と直角の方向から角 $\theta = 30°$ をなして直線状導線があり，電流 $I = 10\,[\mathrm{A}]$ が流れている．導線の長さ $l = 30\,[\mathrm{cm}]$ の間にはたらく電磁力はいくらか？

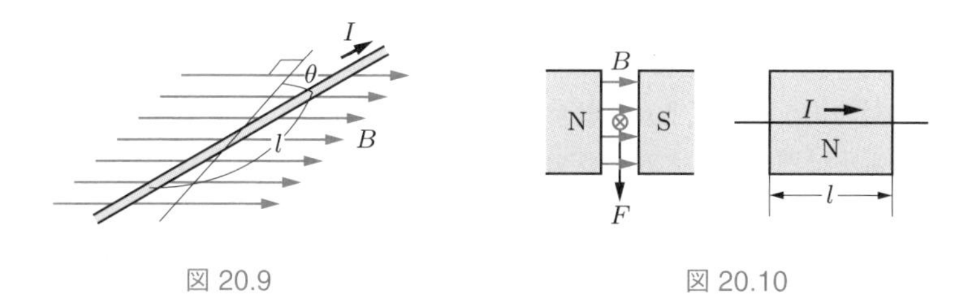

図 20.9　　　図 20.10

20.2 磁石の磁極 NS の間隙に（図 20.10），2 [A] の電流を流した導線を入れたら，導線には 0.1 [N] の電磁力がはたらいたという．磁極間隙の磁界は一様で，導線が磁界中にある長さは 5 [cm] ならば，間隙中の磁束密度はいくらか？

20.3 図 20.11 のように，幅 $l = 10\,[\mathrm{cm}]$ の範囲に一様な磁束密度 $B = 0.2\,[\mathrm{T}]$ の磁界があり，このなかにバネで吊り下げられた $N = 20$ 回巻きの方形の導線枠（コイル）の一

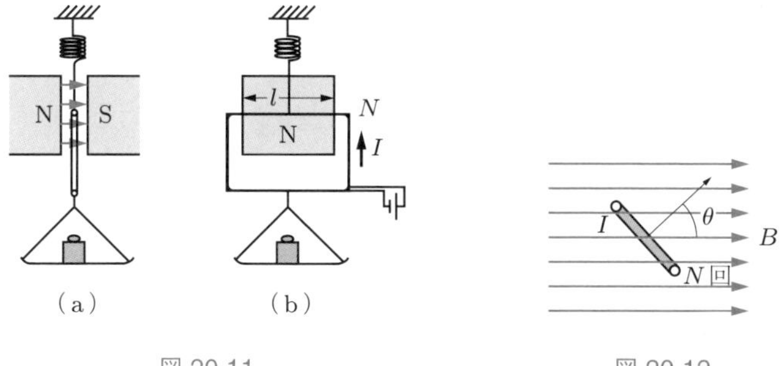

図 20.11　　　図 20.12

辺が水平に入っている．コイルに吊り下げられた皿に 30 [g] の分銅を載せて下がったコイルを元の位置に戻すには，コイルにはいくらの電流 I をどの向きに流したらよいか？

20.4 磁束密度 $B = 0.3$ [T] の一様な磁界中に，半径 $a = 0.5$ [cm] の $N = 20$ 回巻きの円形コイルを，コイルの軸を磁界と角 $\theta = 45°$ 傾けておき（図 20.12），コイルに $I = 1$ [A] の電流を流したときに，コイルにはたらくトルク τ はいくらになるか？

20.5 磁極間隙中に，半径 0.5 [cm]，20 回巻きの円形コイルを図 20.13 のように，コイル軸を磁界と直角にして挿入し，コイルに電流 1 [A] を流し，コイルにはたらくトルクを測ったら 0.002 [Nm] であった．間隙の磁束密度はいくらか？

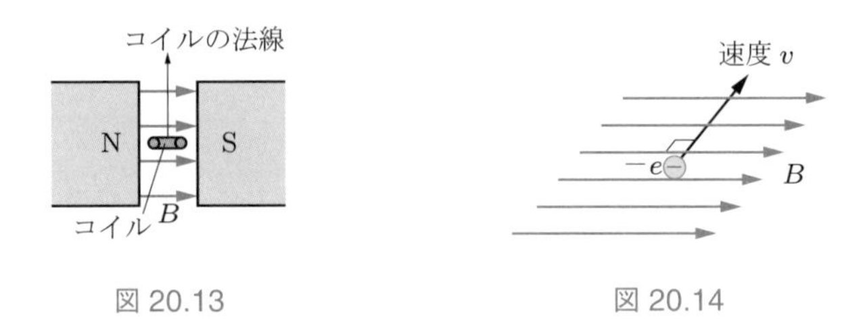

図 20.13　　図 20.14

20.6 磁束密度 0.2 [T] の一様な磁界に直角に，電子が 3×10^7 [m/s] の速度で移動するとき，（図 20.14），電子にはどの方向にいくらの電磁力がはたらくか？

20.7 一様な磁界のなかを電子が移動するとき，電磁力は常に走行方向に直角にはたらくから，電子は円運動をする（図 20.15）．円運動をするときには慣性による遠心力が半径方向にはたらく．磁束密度が 0.2 [T]，電子の速度が 10^7 [m/s] のとき，円運動の半径 r はいくらになるか？ ただし，遠心力は，電子の質量を m，速度を v，円運動の半径を r とすれば，$m\dfrac{v^2}{r}$ で表される．また，電子の電荷 e と m との比は $e/m = 1.76 \times 10^{11}$ [C/kg] である．

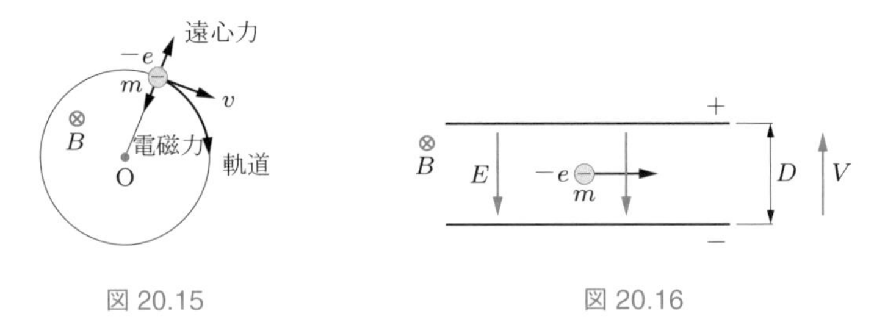

図 20.15　　図 20.16

20.8 図 20.16 のように，真空中に間隔 1 [cm] の平行平面導体板があり，板間に 2000 [V] の電位差が与えられている．また，導体板面に平行に一様な磁界が加えられている．いま，1 個の電子が板面に平行に，磁界に直角に速度 10^7 [m/s] で直線状に移動しているという．磁界の磁束密度はいくらか？

第21章 電磁誘導

21.1 電磁誘導による諸現象

これまでに学んだ静電気や磁気の現象とは一見無関係に見える次のような現象がある.

① 図 21.1(a) のように，二つの環状の電気回路を互いに接近させ，一方の回路の電流を断続または変化させると，その変化の間だけ他方の回路に電流が流れ，その方向は第 1 の回路の電流が増加するときと減少するときとでは反対になる．この現象は，たとえば自動車などのエンジンの点火などに使われる.

② 図 21.1(b) のように，互いに接近させた二つの環状電気回路の一方に一定の電流を流しておき，両回路相互の位置を変化させると，相対運動の間だけ他方の回路に電流が流れ，その方向は両回路が近づくときと遠ざかるときとでは反対になる.

③ 図 21.1(c) のように，図 (b) の一定電流を流した回路の代わりに永久磁石を用いても，第 2 の回路には図 (b) の場合と向じ現象が見られる．この現象は発電機などに使われる.

④ 図 21.1(d) のように，近接した二つの環状回路の一方に交流の電流を流すと，他方の回路にも交流の電流が流れ，両回路が接近するほどこの電流の振幅は大きくなる．また，両回路に共通に鉄片を貫通させても，第 2 の回路の電流の振幅は大きくなる.

⑤ 図 21.1(e) のように，電流を流した回路または永久磁石をほかの回路または導体板などに接近させて動かすと，この回路または導体板はそれに追随して動く.

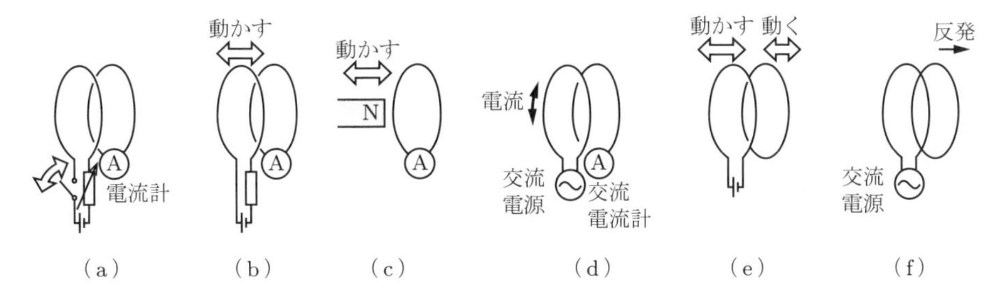

図 21.1　電磁誘導現象のいろいろ

⑥ 図 21.1(f) のように，近接した二つの回路の一方に交流の電流を流すと，他方の回路は反発力を受ける．

これらの現象はすべて，磁界と導体との間に相対運動があると，導体のなかに起電力が生じ，それによって導体中に電流が流れるために起こると考えられる．このように，磁界と導体との**相対運動**によって導体中に起電力が起こる現象を**電磁誘導現象**という．

21.2　電磁誘導の原理

磁界のなかを導線が磁界を横切って，外力によって動かされる場合を考える．

まず，簡単のために，図 21.2 のように，磁界は一様で磁束密度は B [T]，導線は直線状で磁界に直角にし，これを磁界と導線の両方に直角に，図の方向に速度 v [m/s] で動かすものとする．このとき，導線内の一つのキャリア（伝導電荷，金属導体で伝導電子）に着目し，その電荷量を q_0 [C]（仮に正とする）とする．導線を動かすとキャリアもいっしょに速度 v [m/s] で動く．したがって，キャリアには，20.2 節の原理によって式 (20.5) のような力 F

$$F = q_0 vB \quad \text{[N]}$$

が導線に沿って図 21.2 のような向きに作用する．これは同節で述べたように，導線に沿って $E' = vB$ [V/m] の電界があるのと同じである．したがって，電荷 q_0 のキャリアが導線に沿って力の方向に点 A から点 B まで距離 l [m] を動く間に $Fl = q_0 E'l = q_0 U$ [J] のエネルギーを受け取る．この E' は運動電荷に対して電界のような作用をするが，外部の電荷によって生じた電界とは異なり，外部電荷による電界 E があってもそれに逆らって電荷を運ぶ作用があるので，上記の

$$E'l = vBl = U \quad \text{[V]} \tag{21.1}$$

を点 A から点 B に向かう起電力という．この動く導線の点 AB 間の長さ l [m] の部分は起電力 U [V] をもち，電流を点 A から点 B に向かって流す電源の作用をする．

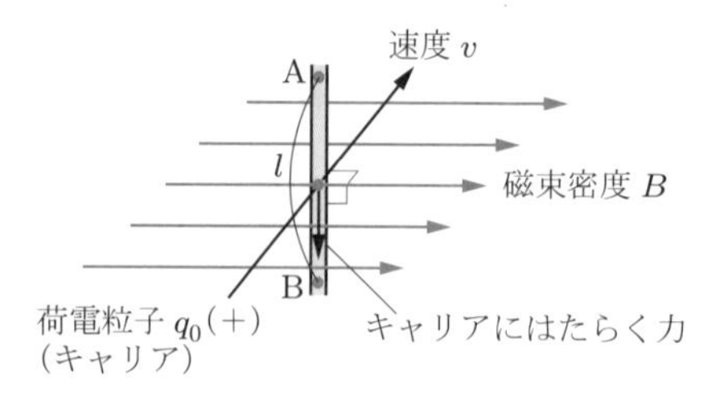

図 21.2　磁界中を動く導体中の電荷にはたらく電磁力

この磁界 B と導線の運動速度 v と起電力 U の方向の関係は，右手の親指，人差指，中指を図 21.3 のように互いに直角に開き，人差指を磁界，親指を導線の運動方向とすると，中指の方向が起電力の方向になる．この関係は**フレミングの右手則**とよばれている．

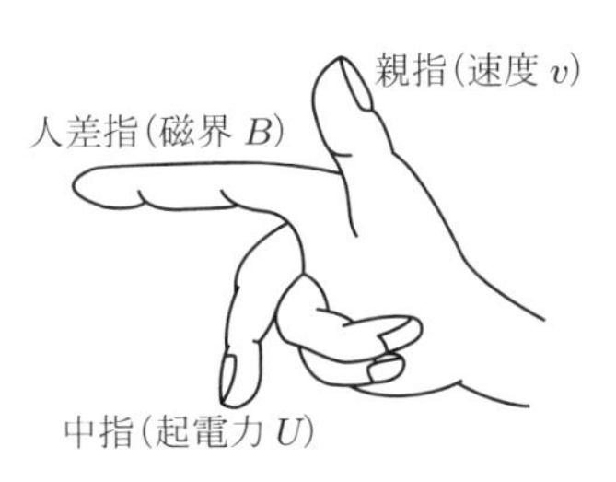

図 21.3　電磁誘導起電力についての
フレミングの右手則

一方，電磁力を表すフレミングの左手則で，図 20.4 のように，人差指を磁界，中指を導線の運動方向（電荷の動く方向だから電流と同じと考えればよい）とすると，親指が起電力（電荷にはたらく力）の方向と考えて覚えてもよい．そうすれば，常に左手を使うことになるから，左手か右手かに迷うことはなくなる．

ここでは磁界が静止していて導線が動くとしたが，反対に導線が静止していて磁界が上記の導線とは反対方向に動いても同じである．図 21.1(c) のように回路が静止していて磁石が右へ動いても，磁石が静止していて回路が左へ動いても，速度が極端に速く（光速に近く）ならない限り，同じことが起こる．つまり，上記の速度 v は磁界と導線との間の相対速度と考えればよい．

21.3　電磁誘導起電力

21.2 節の場合をもう少し一般的に考えると，図 21.4 のように，任意の分布をした磁界のなかを任意の形の導線が任意の方向に動く場合も，磁界が一様で，導線が直線と見なせるような微小部分に分けて考えればよい．

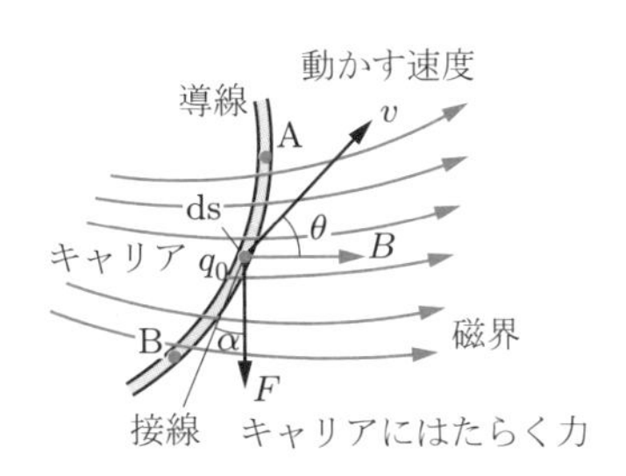

図 21.4　磁界中を動く導線

磁界中の導線の任意の場所に微小な長さ $\mathrm{d}s$ [m] の部分を考え，この場所の磁束密度が B [T] であるならば，$\mathrm{d}s$ の部分が B と角 θ をなす方向へ速度 v [m/s] で動くと，その部分の導体内のキャリアにはたらく電磁力の大きさ F は，キャリアの電荷量を q_0 [C] とすれば，式 (20.5) より

$$F = q_0 B v \sin\theta = q_0 E' \quad [\mathrm{N}]$$

となる．F の方向，したがって E' の方向は，B と v との両方に直角な図のような方向になる．この方向は一般には導線の方向とは異なる．そこで，導線の方向と F または E' の方向との間の角を α とすれば，導線方向の E' の成分は $E'\cos\alpha$ だから，$\mathrm{d}s$ 部分の起電力は E' と鋭角をなす方向に

$$\mathrm{d}U = E'\cos\alpha\mathrm{d}s = Bv\sin\theta\cos\alpha\mathrm{d}s \quad [\mathrm{V}]$$

になる．したがって，点 AB 間の起電力 U は，上記の $\mathrm{d}s$ 部分の起電力を点 A から点 B まで足しあわせればよい．すなわち，

$$U = \int_{\mathrm{A}}^{\mathrm{B}} \mathrm{d}U = \int_{\mathrm{A}}^{\mathrm{B}} Bv\sin\theta\cos\alpha\mathrm{d}s \quad [\mathrm{V}] \tag{21.2}$$

となる．

ここでは，磁界が静止していて導線が動いたとしたが，21.2 節に述べたように導線が静止していて磁界が反対方向へ速度 v で動いても同じと考えることができる．磁界が動くというもののなかには，磁界を発生している電流系（磁石も含む）全体が動く場合と，電流系は動かないで電流の大きさが変化する場合がある．

例 21.1　平行導線に沿って動く導体棒

図 21.5 のように，一様な磁束密度 B [T] の磁界に直角な平面内に 2 本の平行な導線を設け，これに導体棒を直角に橋渡しして，平行導線に沿って外力で右へ速度 v [m/s] で滑らせるものとする．平行導線の間隔を l [m] とすれば，端部の抵抗と平行導線と動く導体棒とで作られる閉回路のなかで，磁界に対して動くのは，動く導体棒の長さ

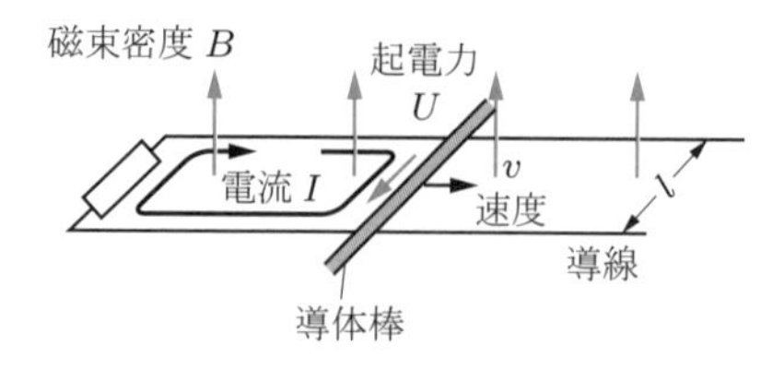

図 21.5　平行導線に沿って動く導体棒

l の部分だけである．したがって，起電力はこの部分だけに起こる．いま，磁束密度 B はあらゆるところで一定，導体の動く方向は B に直角だから $\theta = 90°$ で，その速度 v は一定，導体の方向は B と v の両方に直角だから $\alpha = 0$ になる．したがって，式 (21.2) から起電力 U は

$$U = Bv \int_{\mathrm{A}}^{\mathrm{B}} \mathrm{d}s = Bvl \quad [\mathrm{V}]$$

となる．これは当然のことではあるが，式 (21.1) と同じであり，その方向は手前向きになる．したがって，図のような向きに電流が流れる．

演習問題

21.1 図 21.6 のように間隔 $l = 50\,[\mathrm{cm}]$ の平行導線に直角に磁束密度 $B = 0.2\,[\mathrm{T}]$ の一様な磁界がある．平行導線に橋渡しした導体棒を平行導線に沿って右へ速度 $v = 3\,[\mathrm{m/s}]$ で移動させたら，いくらの起電力がどの向きに生じるか？

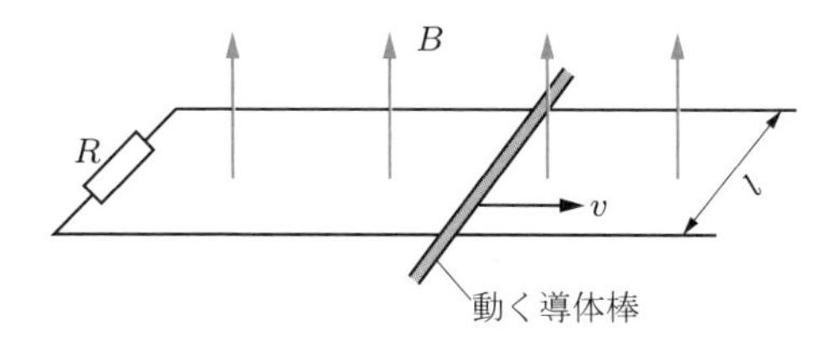

図 21.6

21.2 【演習問題 21.1】で，図 21.6 のように平行導線の一端に $R = 2\,[\Omega]$ の抵抗を接続したら，いくらの電流がどの向きに流れるか？

21.3 【演習問題 21.2】で，導体棒を問題の速度で動かすにはどれだけの外力が必要か？ また，導体棒と平行導線との間には機械的摩擦はないものとし，棒を外力で動かす仕事率（[J/s] = [W]）と抵抗 R に消費される電力の大きさとを比較しなさい．

21.4 平行導線が図 21.7 のように地面に対して垂直になっていて，導線の面に直角に一様な磁界が加わり，平行導線に橋渡しされた導体棒が自重で下方に滑り降りるものとする．平行導線の一端には抵抗 R が接続されている．導体棒が自然落下するときは，落下速度は次第に大きくなるが，図の場合は速度が大きくなると起電力が大きくなり，したがって電流も大きくなり，落下を止めようとする力がはたらく．そのため，ある速度に達すると，重力と電流による制動力とが平衡して一定速度になる．平行導線の間隔が $l = 50\,[\mathrm{cm}]$，磁束密度が $B = 0.2\,[\mathrm{T}]$，抵抗が $R = 2\,[\Omega]$，導体棒の質量が $m = 100\,[\mathrm{g}]$ のとき，最終の一定速度 v_0 はいくらになるか？ただし，重力加速度 $g = 9.8\,[\mathrm{m/s^2}]$ とする．

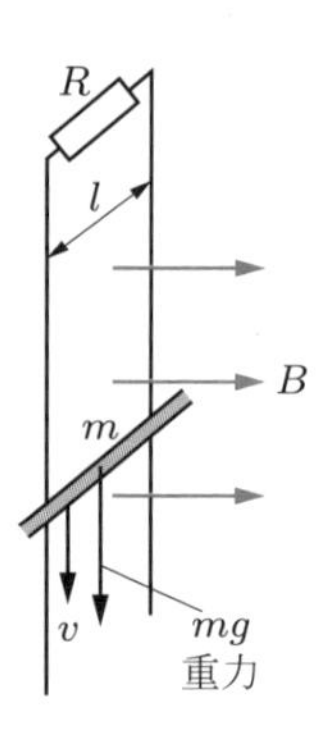

図 21.7

第22章 磁束と電磁誘導

22.1 磁　束

ある面積 S を直角に通り抜ける磁束密度 B の総量 ϕ を**磁束**という．いいかえれば，これは面積 S を通り抜ける磁力線の総数に等しい．

もう少し正確に表すために数学的表現を使えば，図 22.1 のように，磁界中の一つの閉曲線 C で囲まれた面積 S を通り抜ける磁束 ϕ は，面 S のなかの任意の場所に微小な面積 $\mathrm{d}S\,[\mathrm{m}^2]$ を考え，その場所の磁束密度を $B\,[\mathrm{T}]$，B の方向と $\mathrm{d}S$ の法線との間の角を θ とすれば，$\mathrm{d}S$ を通り抜ける B の成分は $B\cos\theta$ だから，これに面積 $\mathrm{d}S$ をかけたものを面積 S の全体にわたって足しあわせれば磁束 ϕ になる．すなわち

$$\phi = \int_S B\cos\theta\mathrm{d}S \quad [\mathrm{Tm}^2] = [\mathrm{Wb}] \quad \text{（ウェーバ）} \tag{22.1}$$

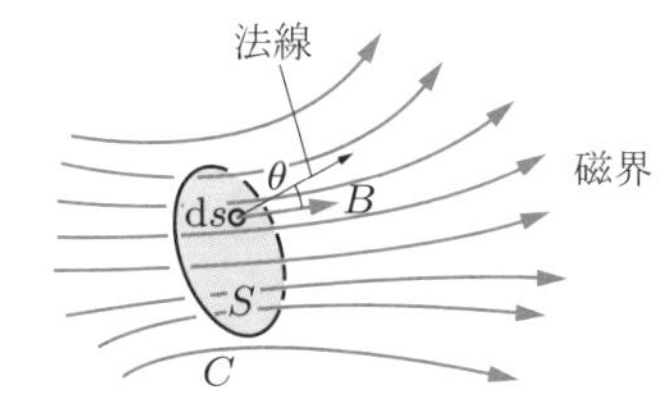

図 22.1　磁束

上記の面積 S が一つの閉曲線 C によって囲まれていて，これを通り抜ける磁束 ϕ を構成するすべての磁力線が図 22.2 のように互いに貫通しているとき，閉曲線 C と磁束 ϕ とは鎖交しているという．

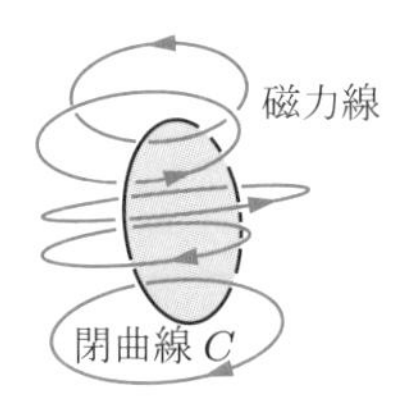

図 22.2　磁束と閉曲線との鎖交

22.2 回路と磁束との鎖交と電磁誘導

電磁誘導の原理については，導体と磁界との相対運動によることを 21.2 節で述べたが，少し違った面から見る方法がある．歴史的には「ファラデーの電磁誘導の法則」，「レンツの法則」，「ノイマンの法則」とよばれる少しずつ内容の違った電磁誘導の規則を表したものがある．これらを総合すると，次のことを表している．

図 22.3 のように，一つの閉回路に鎖交する磁束の量が ϕ [Wb] であり，この回路に電流を流したときに閉回路に鎖交する磁束が増えるような電流の向きを起電力の向きと定めると，鎖交している磁束 ϕ が時間的に増大するときは，回路には負の向きに起電力 U [V] が生じ，ϕ が減少するときは U は正の向きになり，U の大きさは磁束 ϕ が時間的に変化する速さ $\mathrm{d}\phi/\mathrm{d}t$（$t$ は時間）に等しい．これは実験事実から得られた規則であるが，数式で表せば次のようになる．

$$U = -\frac{\mathrm{d}\phi}{\mathrm{d}t} \quad [\mathrm{Wb/s}] = [\mathrm{V}] \tag{22.2}$$

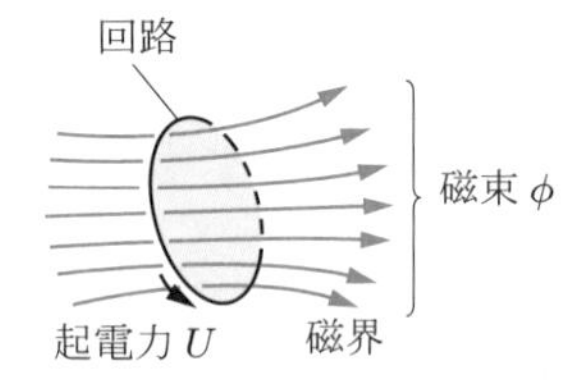

図 22.3 鎖交磁束変化と起電力

いいかえれば，回路に鎖交している磁束 ϕ が時間的に変化しつつあるときは，回路には ϕ の変化を妨げるような電流を流す向きに起電力 U が生じ，その大きさは ϕ の変化の速さ $\mathrm{d}\phi/\mathrm{d}t$ に等しい．

22.3 相対運動と磁束変化との関係

21.1 節で述べた導体と磁界との相対運動による起電力と，22.2 節の鎖交磁束の変化による起電力とはどのように結びつくのか．その量的関係を図 22.4 の簡単な例で考えてみよう．

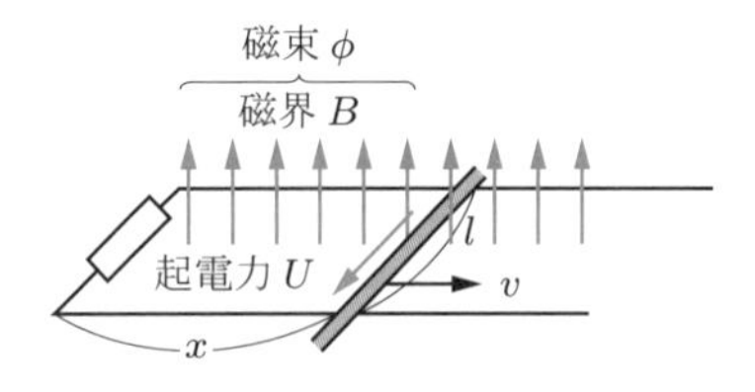

図 22.4 相対運動と磁束変化

図 22.4 のように，一様な磁束密度 B [T] の磁界に直角な平面内に間隔 l [m] の平行導線があり，これに導体棒が直角に橋渡しされて，平行導線に沿って，たとえば右に速度 v [m/s] で動かされるものとする．平行導線の左端は互いに接続されて，動く導体棒との間に閉回路ができている．

この閉回路のうち，磁界に対して動くのは，動く導体棒の長さ l [m] の部分だけだから，この回路に起こる起電力 U は式 (21.1)，あるいは式 (21.2) で $\theta = 0$, $\alpha = 0$, $\int_{\mathrm{A}}^{\mathrm{B}} \mathrm{d}s = l$ としたものに等しく，回路に鎖交する磁束を増やす電流の方向を起電力 U の正の方向とすれば（矢印と反対）起電力はそれと反対方向に起こるから，負号をつければ

$$U = -\int_{\mathrm{A}}^{\mathrm{B}} Bv \sin\theta \cos\alpha \, \mathrm{d}s = -Bvl \quad [\mathrm{V}] \tag{22.3}$$

となる．

一方，平行導線の左端と導体棒との間の距離を x [m] とすれば，この閉回路に鎖交する磁束 ϕ [Wb] は，磁束密度 B [T] と回路の囲む面積 lx [m^2] との積に等しいから

$$\phi = Blx \quad [\mathrm{Wb}]$$

となる．この磁束 ϕ は導体棒が右に動くこと，すなわち x の増大によって増大するから，22.2 節の規則に従えば次のような起電力が起こる．

$$U = -\frac{\mathrm{d}\phi}{\mathrm{d}t} = -\frac{\mathrm{d}(Blx)}{\mathrm{d}t} = -Bl\frac{\mathrm{d}x}{\mathrm{d}t} = -Blv \quad [\mathrm{V}]$$

これは導体と磁界との相対運動から求めた上記の式 (22.3) の結果と一致する．

すなわち，電磁誘導起電力が導体と磁界との相対運動によると考えても，鎖交磁束の変化によると考えても，結果は同じである．

22.4　相対運動と磁束変化との物理的関係

22.3 節で，電磁誘導によって回路に生じる起電力は，導体と磁界との相対運動によると考えても，鎖交磁束の変化によると考えても結果は同じであることを述べたが，物理的には導体と磁界との相対運動のほうが本質的，直接的であって，磁束変化のほうはその総合的結果と考えるのが適切であろう．

22.3 節の場合は，磁界が静止していて導体が動く簡単な例なので両者の考え方を比べやすかったが，回路のほうが固定されていて磁界が変化する場合は，簡単に計算ができないことが多い．しかし，物理的には相対運動と磁束変化との関係は次のように考えることができる．

図 22.5 は，一つの閉回路に鎖交する磁束が外部の原因，たとえば別の回路の電流，あるいは磁石などによって生じた場合である．図 (a) は磁界が弱くなっていく場合で，磁力線が疎になり，鎖交磁束は減少していくが，磁力線は一つの輪になっていて端がないから，鎖交磁束が減るためには磁力線は閉回路の導体を外に向かって切って出る相対運動があり，回路の導体の各部に起電力を生じることになる．また，図 (b) は磁界が強くなっていく場合で，磁力線が密になり，鎖交磁束は増大していくが，そのとき磁力線は回路の導体を内に向かって切って入る相対運動があり，回路の各部に前とは反対方向の起電力を生じることになる．

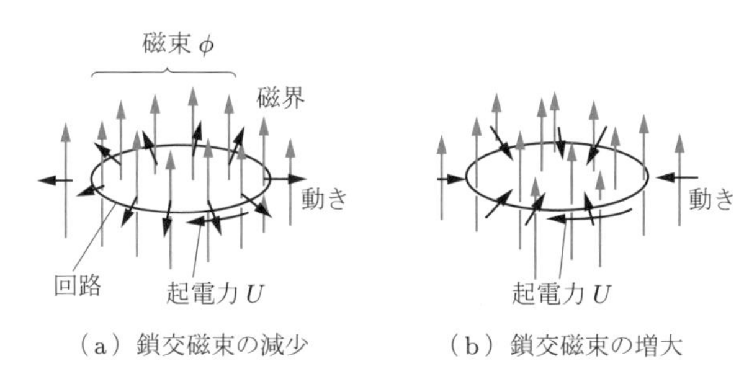

（a）鎖交磁束の減少　（b）鎖交磁束の増大

図 22.5　鎖交磁束と磁界のはたらき

また，図 22.6 は，一つの回路に鎖交する磁束がその回路自身に流れる電流によって生じる場合である．回路に対して磁界は図 (a) のようにできるから，一見，磁力線は回路の導体を切らないように見える．しかし，回路の一部，たとえば点 A 付近の断面を拡大してみると，図 (b) のようになる．導線の断面内を考えると，電流が向こう向きに流れて増大しつつあるときは，磁力線の輪は導線の断面の中心部から湧き出して次第に大きくなり，導線の断面を外に向かって切る相対運動をするので，手前向きに起電力が起こることになる．電流が減少しつつあるときは，導線を取り巻く磁力

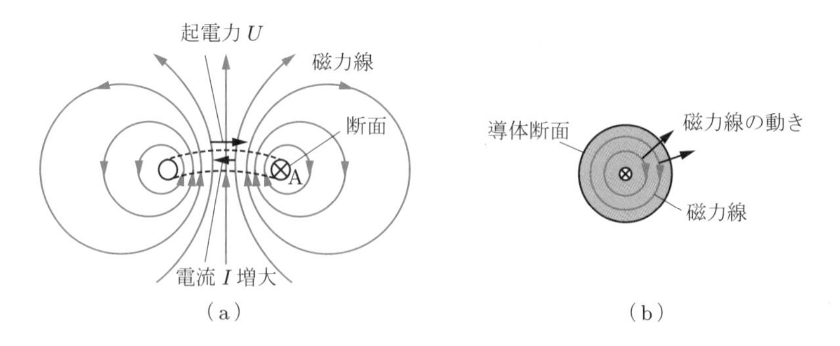

（a）　（b）

図 22.6　自身の電流による磁束との鎖交と磁界のはたらき

線は導線の断面を外から切って入り，磁力線の輪は断面の中心に向かって縮小していき，中心部で消えるので，導体と磁界との相対運動による起電力は導体断面の各部に向こう向きに起こることになる．

工学的には，鎖交磁束のほうが計算しやすい場合（たとえば変圧器など）には鎖交磁束の変化を用い，導体と磁界との相対運動のほうが計算しやすい場合（たとえば発電機など）には相対運動を用いればよい．

演習問題

22.1 磁束密度 $B = 0.5\,[\mathrm{T}]$ の一様な磁界に直角な面積 $S = 30\,[\mathrm{cm}^2]$ を通過する磁束はいくらか？

22.2 $5\,[\mathrm{cm}^2]$ の面積を直角に $\phi = 4 \times 10^{-4}\,[\mathrm{Wb}]$ の磁束が通っている．磁界が一様とすれば磁束密度はいくらか？

22.3 あるコイルに鎖交する磁束が 20 [Wb/s] の割合で増大しつつあるとき，コイルにはいくらの起電力が生じるか？

22.4 あるコイルに鎖交する磁束が，時間 t に対して $\Phi_m \sin \omega t$（Φ_m は磁束の最大値，ω は定数）のように変化すると，コイルにはどのような起電力が生じるか？

22.5 磁束密度 $B = 0.1\,[\mathrm{T}]$ の一様な磁界のなかに直径 1 [cm]，20 回巻きの円形コイルを入れ，その任意の一つの直径を軸とし，その軸を磁界と直角にして（図 22.7），毎秒 100 回転の速度で回転させたら，どのような起電力が生じるか？

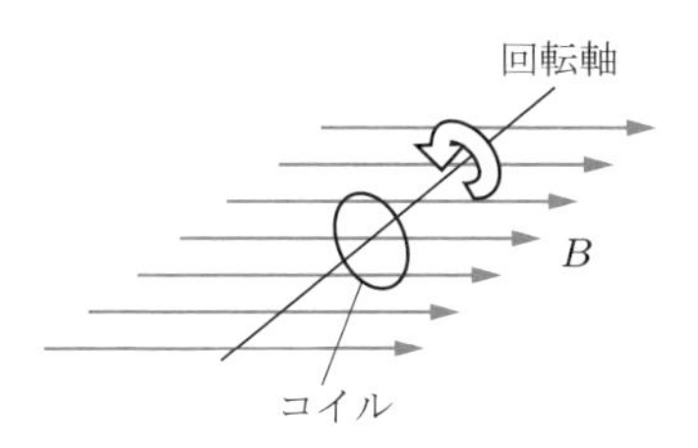

図 22.7

電磁誘導結合と相互インダクタンス

23.1　コイルと磁束との鎖交

回路が 1 回の環路でなく，図 23.1 のように多数回巻いたコイルであるときは，回路と磁束との鎖交はコイルが 1 回のときよりもはるかに大きくなる．図 (a) のような場合は鎖交は複雑になるが，コイルが図 (b) のように同じ位置で N 回巻いてあれば，全鎖交磁束 $\varPhi$ [Wb] は 1 回の場合の鎖交磁束 ϕ の N 倍，すなわち $\varPhi = N\phi$ [Wb] になる．

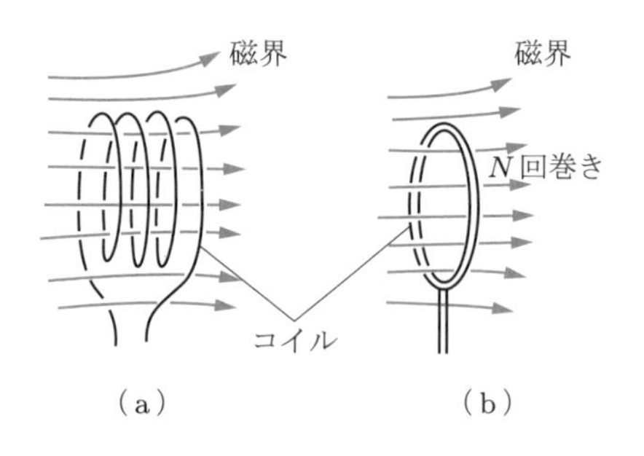

図 23.1　コイルと磁束との鎖交

23.2　電磁誘導結合

二つのコイル 1, 2 が図 23.2 のように互いに近接しているときは，一方のコイル 1 に電流を流すと，それによって生じた磁束の一部ないし大部分が他方のコイルに鎖交する．コイル 1 の電流が変化するとコイル 2 に鎖交する磁束も変化するから，電磁誘

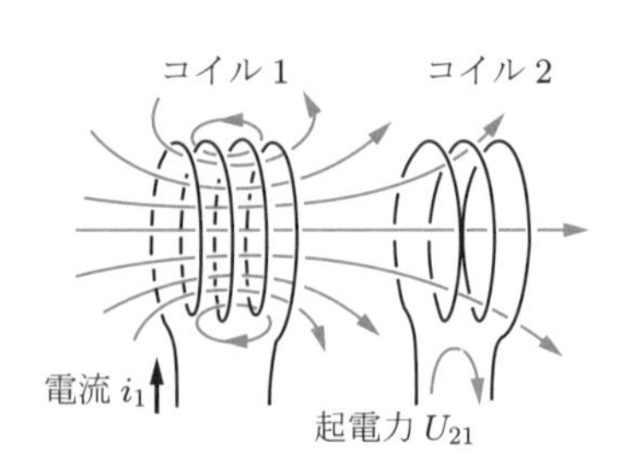

図 23.2　コイル 1 の電流によってコイル 2 に鎖交する磁束

導によってコイル 2 に起電力が起こる．その向きは，鎖交している磁束の変化を妨げるような向きである．

逆にコイル 2 に電流を流すと，それによる磁束の一部または大部分がコイル 1 に鎖交し，コイル 2 の電流が変化すればコイル 1 に起電力が起こる．

このような状態にあるコイル 1 および 2 をそれぞれ含む回路は，互いに**電磁誘導結合**されているという．

23.3 相互インダクタンス

二つのコイル 1, 2 が図 23.3 のように互いに近接していて，図 (a) のように，コイル 1 に電流 i_1 [A] を流したときにコイル 2 に鎖交する全磁束が Φ_{21} [Wb] であるとすると，電流の大きさを変えても磁界の空間的分布の形は変わらないから，Φ_{21} は i_1 に比例するはずである．したがって，比例の定数を M_{21} [Wb/A] とすれば，次の関係がある．

$$\Phi_{21} = M_{21} i_1 \quad \text{[Wb]} \tag{23.1}$$

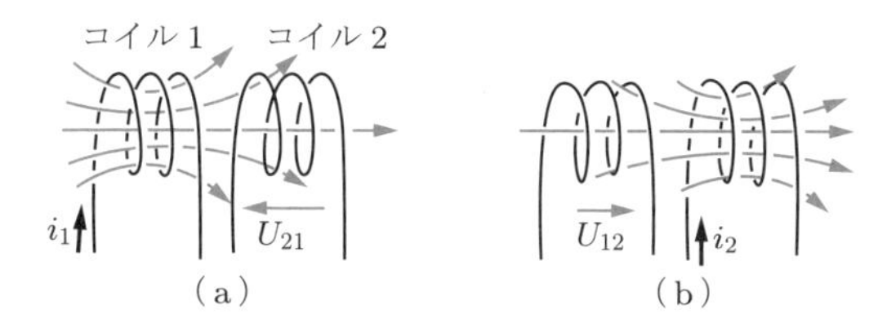

図 23.3 電磁誘導結合

また，図 23.3(b) のように，コイル 2 に電流 i_2 [A] を流したときにコイル 1 に鎖交する全磁束を Φ_{12} [Wb] とすれば，これは i_2 に比例するから，比例定数を M_{12} [Wb/A] とすれば，次の関係がある．

$$\Phi_{12} = M_{12} i_2 \quad \text{[Wb]} \tag{23.2}$$

コイル 1 とコイル 2 の位置関係が変わらなければ，M_{21} と M_{12} とは常に等しいことが証明されている（証明は省略）ので，次のように表される．

$$M_{21} = M_{12} = M \quad \text{[Wb/A]} = \text{[H]}\ (\text{ヘンリー}) \tag{23.3}$$

$$\Phi_{21} = M i_1 \quad \text{[Wb]}, \quad \Phi_{12} = M i_2 \quad \text{[Wb]} \tag{23.4}$$

比例定数 M は，コイル 1 とコイル 2 との間の**相互インダクタンス**とよばれる．一方のコイルに単位電流（1 [A]）を流したときに，他方のコイルに鎖交する全磁束を表し，単位は [Wb/A] = [H]（ヘンリー）である．M の値は両コイルの形と相互位置だけで定まる．

コイル 1 の電流 i_1 が変化すると，コイル 2 に鎖交する全磁束 Φ_{21} も変化するから，コイル 2 には電磁誘導起電力が生じる．コイル 2 に電流を流したときにコイル 1 による磁束の変化を助けるような電流の向きを誘導起電力の正の向きとすると，実際にはそれと反対方向に生じるから，起電力を U_{21} とすれば式 (22.2) より

$$U_{21} = -\frac{\mathrm{d}\Phi_{21}}{\mathrm{d}t} = -M\frac{\mathrm{d}i_1}{\mathrm{d}t} \quad [\mathrm{V}] \tag{23.5}$$

となる．同様に，コイル 2 に電流 i_2 を流したときに i_2 が変化すれば，コイル 1 には

$$U_{12} = -\frac{\mathrm{d}\Phi_{12}}{\mathrm{d}t} = -M\frac{\mathrm{d}i_2}{\mathrm{d}t} \quad [\mathrm{V}] \tag{23.6}$$

の起電力が生じる．すなわち，一方のコイルの電流が変化すると，他方のコイルには鎖交磁束の変化を妨げるような電流（鎖交磁束が増大しつつあるときはそれを減らそうとし，減少しつつあるときは増やそうとする向きの）を生じるような向きの起電力が生じ，その大きさは電流の変化の速さに比例し，相互インダクタンス M に比例する．

23.4　相互インダクタンスの計算例

例 23.1　細長いソレノイドコイルの外側に短いコイル

図 23.4 のような，円形断面の半径 a [m] に比べて長さ l [m] がはるかに長いソレノイドコイル（コイル 1 とする）の外側の中央部付近に別の短いコイル（コイル 2 とする）が巻いてあるときの，両コイル間の相互インダクタンス M の値を求める．コイル 1, 2 の巻数はそれぞれ N_1, N_2 回とする．

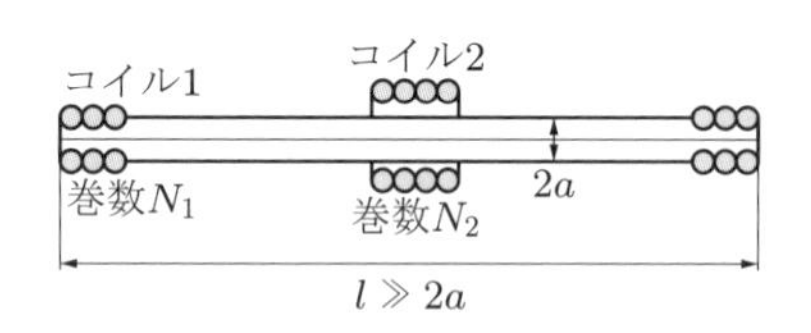

図 23.4　長いソレノイドコイルの中央部に短いコイルを結合したもの

ソレノイドコイルが十分細長ければ，コイルの内側の磁界は無限長ソレノイドコイルの場合とほとんど違わないと考えることができるから，コイル 1 に I_1 [A] の電流を流したときのコイル 1 の内部の磁束密度 B は，式 (19.10) より，あらゆるところで次のようになる．

$$B \fallingdotseq \mu_0 n_0 I_1 = \mu_0 \frac{N_1}{l} I_1 \quad [\mathrm{T}]$$

ソレノイドコイルの中央部付近の外側には磁界はほとんどないから，コイル 2 に鎖交する全磁束 Φ_{21} はコイル 1 内を通る磁束 $\phi_1 = B \times \pi a^2$ [Wb] にコイル 2 の巻数 N_2 をかけたものに等しい．すなわち

$$\Phi_{21} = \phi N_2 = \pi a^2 B N_2 = \mu_0 \frac{\pi a^2}{l} N_1 N_2 I_1 \quad [\mathrm{Wb}] = M I_1 \quad [\mathrm{Wb}]$$

したがって，相互インダクタンス M の値は，次のようになる．

$$M = \mu_0 \frac{\pi a^2}{l} N_1 N_2 \quad [\mathrm{H}] \tag{23.7}$$

例 23.2　無端ソレノイドコイルの外側に巻いたコイル

図 23.5 のような全巻数 N_1 回の無端ソレノイドコイル（コイル 1 とする）の外側に，N_2 回のコイル（コイル 2 とする）を巻いたときの両コイル間の相互インダクタンス M の値も【例 23.1】と同様に求めることができる．

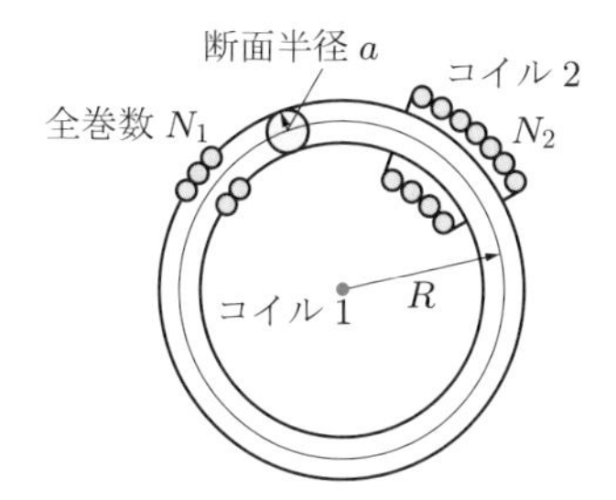

図 23.5　無端ソレノイドコイルの外側に第 2 のコイルを巻いたもの

コイル 1 に I_1 [A] の電流を流したときのコイル 1 の中心線上の磁束密度 B は，円形中心線の半径を R [m] とすれば，式 (19.11) より

$$B = \frac{\mu_0 N_1}{2\pi R} I \quad [\mathrm{T}]$$

となる．コイル 1 の内部の磁束密度は中心線の円の中心 O からの距離に反比例して変化するが，コイルの断面の半径 a が中心線の円の半径 R に比べて十分小さければ，中心線上の磁束密度 B の値はコイルの断面を通る磁束密度の平均値にほぼ等しい．したがって，コイル 1 の内部を通る磁束 ϕ は，中心線上の磁束密度 B にコイル 1 の断面積 πa^2 をかけたものに等しいと考えてもよいから，コイル 2 に鎖交する全磁束 Φ_{21} は

$$\Phi_{21} = \phi N_2 = \pi a^2 B N_2 = \pi a^2 \mu_0 \frac{N_1 N_2}{2\pi R} I_1 \quad [\mathrm{Wb}] = M I_1 \quad [\mathrm{Wb}]$$

となる．したがって，相互インダクタンス M の値は

$$M = \mu_0 \frac{a^2}{2R} N_1 N_2 \quad [\mathrm{H}] \tag{23.8}$$

となる．

演習問題

23.1　円形断面の半径が 2 [cm]，長さ 60 [cm]，全巻数 300 回のソレノイドコイルの中央付近の外側に 200 回巻きの短いコイルを巻いた．両コイル間の相互インダクタンスはいくらになるか？

23.2　【演習問題 23.1】のソレノイドコイル（コイル 1 とする）の内部に，図 23.6 のように半径 1 [cm] の 100 回巻きの円形コイル（コイル 2 とする）をコイル 1 と軸を平行にして入れたら，両コイル間の相互インダクタンスはいくらになるか？

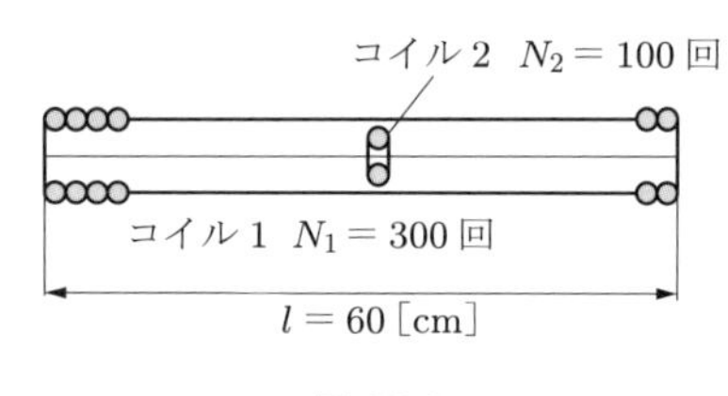

図 23.6

23.3　【演習問題 23.2】で，コイル 2 の軸をコイル 1 の軸と 45° 傾けたら，相互インダクタンスはいくらになるか？ また，90° にしたらいくらになるか？

23.4　無端ソレノイドコイルがあり（図 23.7），コイルの断面は半径 1 [cm] の円形，コイル軸の長さ l は 40 [cm]，コイルの全巻数 N_1 は 400 回である．このコイルの外側に $N_2 = 200$ 回のコイルを巻いた．両コイル間の相互インダクタンスはいくらか？

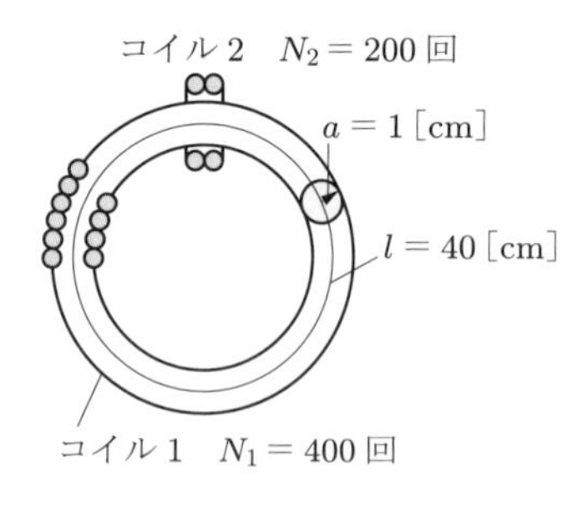

図 23.7

23.5　相互インダクタンスが $M = 0.1$ [H] の電磁誘導結合された二つのコイルの片方に正弦波電流 $i = 0.2\cos 314t$ [A]（t は時間）を流したら，他方のコイルに生じる起電力はどのような値になるか？

23.6 電磁誘導結合された二つのコイルの片方に $i = 0.5\cos 314t$ [A] の正弦波電流を流したら，他方のコイルに $V = 15.7\sin 314t$ [V] の起電力が現れた．両コイル間の相互インダクタンスはいくらか？

第24章 自己インダクタンス

24.1 自己インダクタンス

コイルが一つだけの場合も，これに電流を流したときに，図 24.1 のように，電流によって生じた磁束とそれを生じたコイル自身とが鎖交する．

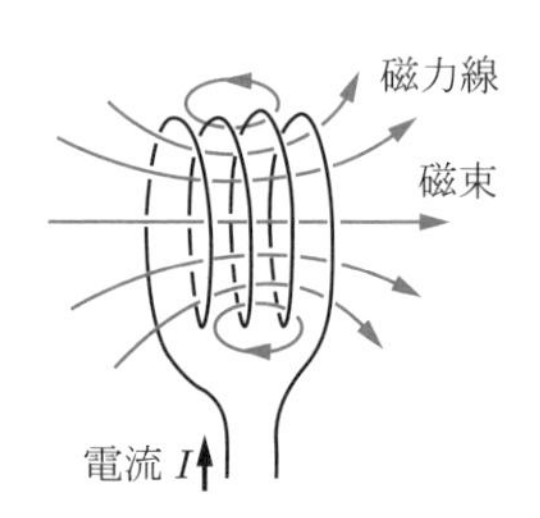

図 24.1　磁束を生じた電流自身に鎖交する磁束

コイルに電流 I [A] を流したときに，それによってそのコイル自身に鎖交する全磁束 Φ [Wb] とは比例するから，比例の定数を L [Wb/A] とすれば，この関係は次のように表される．

$$\Phi = LI \quad [\mathrm{Wb}] \tag{24.1}$$

比例定数 L は**自己インダクタンス**とよばれ，単位は相互インダクタンスと同じく [Wb/A] = [H]（ヘンリー）である．自己インダクタンスは，コイルに単位電流（1 [A]）を流したときにそのコイル自身に鎖交する全磁束であるということもできる．自己インダクタンスはコイルの形と寸法とだけで定まる定数である．

コイルに流れる電流 i が変化すると，それによって生じた磁界は i に比例して変化するから，コイルに鎖交する全磁束 Φ も i に比例して変化する．鎖交磁束が変化すればコイルに電磁誘導起電力 U が起こる．23.3 節で述べたように，この起電力 U の大きさは鎖交磁束 Φ の時間的変化の速さ $\mathrm{d}\Phi/\mathrm{d}t$ に等しく，その向きは磁束の変化を妨げる向き，したがって電流 i の変化を妨げる向きに生じるから，U は次のように表される（図 24.2(a)）．

$$U = -\frac{\mathrm{d}\Phi}{\mathrm{d}t} = -L\frac{\mathrm{d}i}{\mathrm{d}t} \quad [\mathrm{V}] \tag{24.2}$$

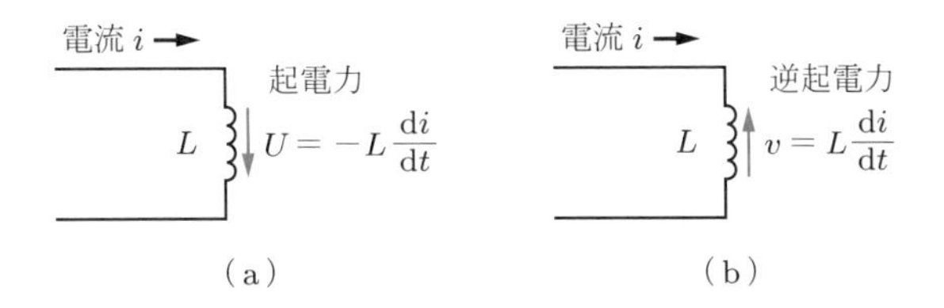

図 24.2 自己インダクタンスの起電力と逆起電力

しかし，電流と反対向きの**逆起電力** v をとれば（図 24.2(b)），次のように負号はつかない．

$$v = L\frac{\mathrm{d}i}{\mathrm{d}t} \quad \text{[V]} \tag{24.3}$$

24.2 自己インダクタンスの計算例

例 24.1 無端ソレノイドコイルの自己インダクタンス

図 24.3 のような無端ソレノイドコイルの自己インダクタンス L の値を求める．コイルの断面（円形とする）の半径を a [m]，コイルの中心線の半径を R [m]，コイルの全巻数を N 回とすれば，コイルに I [A] の電流を流したときに，コイルの中心線に沿った磁界の磁束密度 B は，中心線を積分路とするアンペールの周回積分則（【例 19.6】参照）

$$2\pi RB = \mu_0 NI$$

から

$$B = \frac{\mu_0 N}{2\pi R} I \quad \text{[T]}$$

となる．a に比べて R が十分に大きければ，上の B の値はコイル断面の磁束密度の平均値にほぼ等しいから，コイルの断面を通る磁束 ϕ は

$$\phi \fallingdotseq \pi a^2 B \quad \text{[Wb]}$$

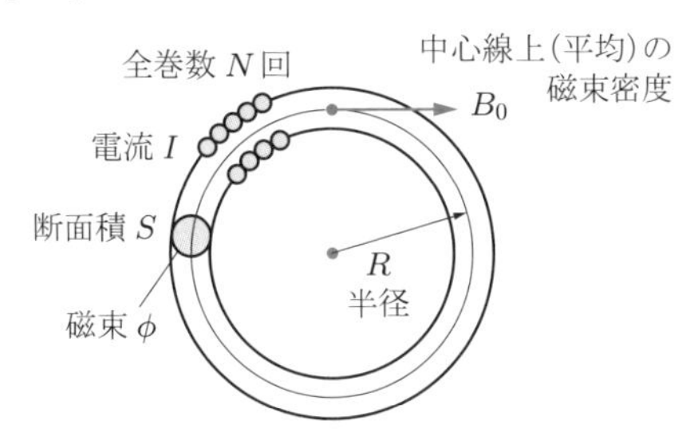

図 24.3 無端ソレノイドコイルの自己インダクタンスの計算

となる．したがって，コイルに鎖交する全磁束 $\varPhi$ は，次のようになる．

$$\varPhi = \phi N = \pi a^2 BN = \pi a^2 \frac{\mu_0 N}{2\pi R} NI = \mu_0 \frac{a^2 N^2}{2R} I = LI \quad [\mathrm{Wb}]$$

すなわち，

$$L \fallingdotseq \mu_0 \frac{a^2}{2R} N^2 \quad [\mathrm{H}] \tag{24.4}$$

となる．ここで，断面積を $\pi a^2 = S\,[\mathrm{m}^2]$，**平均磁路長**を $2\pi R = l\,[\mathrm{m}]$ とおけば

$$L \fallingdotseq \mu_0 \frac{S}{l} N^2 \quad [\mathrm{H}] \tag{24.5}$$

となり，式 (24.4) よりも一般的な形になる．

例 24.2　細長いソレノイドコイルの自己インダクタンス

図 24.4 のように，コイルの直径に比べて長さが十分に長いソレノイドコイルの自己インダクタンスを求める．

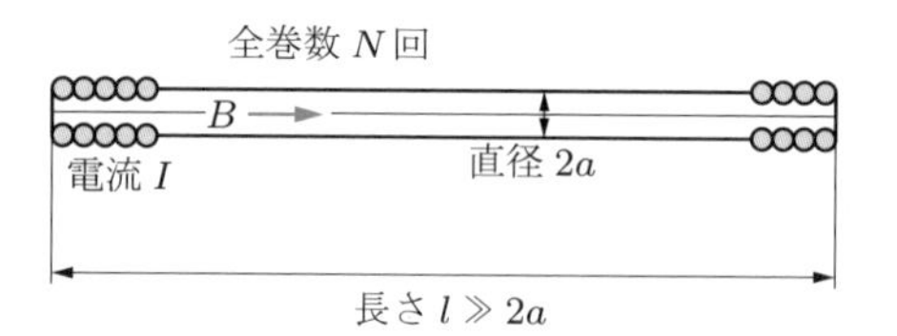

図 24.4　細長いソレノイドコイル

コイルの断面が円形で，その半径 $a\,[\mathrm{m}]$ に比べてコイルの長さ $l\,[\mathrm{m}]$ が十分長ければ，電流 $I\,[\mathrm{A}]$ を流したときにコイルの内部に生じる磁界の磁束密度 B は，【例 19.5】で求めた無限長ソレノイドコイルの場合とほとんど同じ（両端部分だけは少し乱れる）と考えられるから，コイルの単位長あたりの巻数を n_0 [回/m]，全巻数を N [回] とすれば

$$B \fallingdotseq \mu_0 n_0 I = \mu_0 \frac{N}{l} I \quad [\mathrm{T}]$$

となる．コイルの断面を通る磁束 ϕ は

$$\phi = \pi a^2 B \quad [\mathrm{Wb}]$$

なので，全鎖交磁束 $\varPhi$ は次のようになる．

$$\varPhi = \phi N = \pi a^2 BN \fallingdotseq \pi a^2 \mu_0 \frac{N}{l} NI = \mu_0 \frac{\pi a^2}{l} N^2 I = LI \quad [\mathrm{Wb}]$$

すなわち，

$$L \fallingdotseq \mu_0 \frac{\pi a^2}{l} N^2 \quad [\mathrm{H}] \tag{24.6}$$

となる．ここで，$\pi a^2 = S\,[\mathrm{m}^2]$ とおけば

$$L \fallingdotseq \mu_0 \frac{S}{l} N^2 \quad [\mathrm{H}] \tag{24.7}$$

となる．実際にはコイルの端部で磁界が広がるから，鎖交磁束は少し減り，自己インダクタンスも上記の値よりもいくらか小さくなる．

例 24.3　短いソレノイドコイルの自己インダクタンス

ソレノイドコイルの長さ l がコイルの断面の直径 d と同程度に短くなると（図 24.5），磁界の分布が広がってくるので，鎖交磁束 Φ も【例 24.2】の場合よりも小さくなる．したがって，自己インダクタンス L の値も，式 (24.6) または式 (24.7) の値よりもだいぶ小さくなる．そこで，それらの値に 1 よりも小さい係数 K をかけることによって，次のように実際の値を計算することができる．

$$L = K \mu_0 \frac{\pi a^2}{l} N^2 \quad [\mathrm{H}] \tag{24.8}$$

係数 K の値は，コイルの直径と長さとの比 $2a/l$ によって図 24.6 のように変化し，$2a \ll l$ のときは 1 に近く，$2a/l$ が大きくなるに従って小さくなる．K は，長岡半太郎博士によって詳しく計算されたので，**長岡係数**とよばれている．

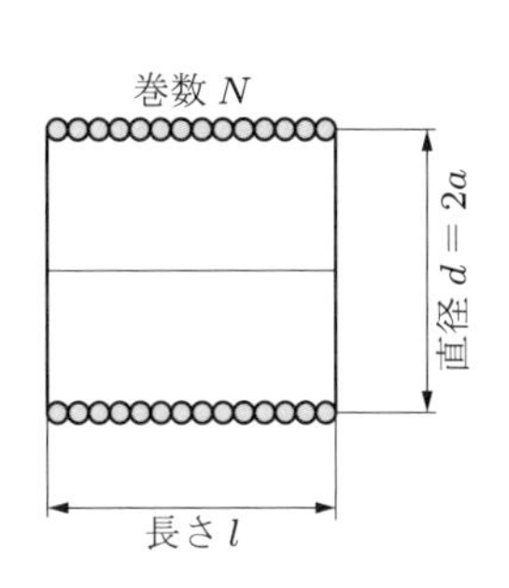

図 24.5　短いソレノイドコイル

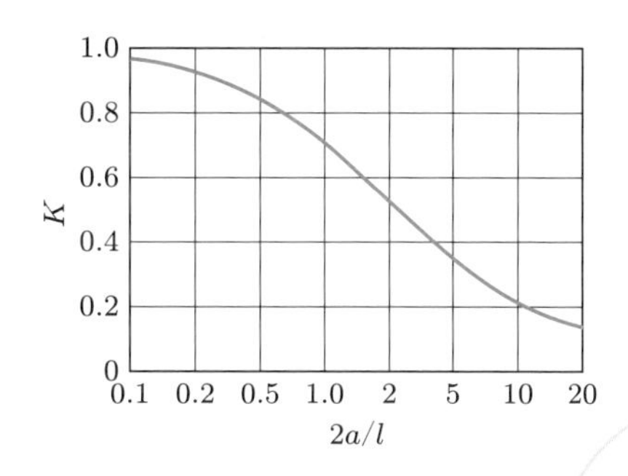

図 24.6　長岡係数 K

演習問題

24.1　半径 2 [cm] の円形断面で，長さ 60 [cm]，全巻数 300 回のソレノイドコイルの自己インダクタンスはおおよそいくらになるか？

24.2　円形断面の半径が 5 [cm]，長さ 10 [cm]，全巻数 200 回の短いソレノイドコイルの自己インダクタンスはいくらになるか？

24.3 円形断面の半径が 1 [cm]，コイル軸の長さ 40 [cm]，コイルの全巻数 400 回の無端ソレノイドコイルの自己インダクタンスはいくらになるか？

24.4 自己インダクタンス $L = 0.1$ [H] のコイルに正弦波電流 $i = 0.2\cos 377t$ [A]（t は時間 [s]）を流したら，コイルの両端間にはどのような電位差が現れるか？

24.5 あるコイルに $i = 0.5\cos 377t$ [A] の電流を流したら，その両端間に $V = 37.7\sin 377t$ [V] の正弦波起電力が現れた．コイルの自己インダクタンスはいくらか？

磁性体

25.1 磁性体

鉄やニッケルは磁石に引きつけられるが，ほかのたいていの物質は引きつけられない．そして，磁石は鉄または鉄を主とする合金である．鉄やニッケルの物体を磁界のなかにおくと，たとえば図 25.1(a) のようにその周囲の磁界の分布が変わったり，図 25.2 のようにその物体がさらにほかの鉄やニッケルの物体を引きつけたりする．しかし，磁界がないところでは，鉄やニッケルでもほかの鉄やニッケルの物体を引きつけることはない．この現象は，鉄やニッケルが磁界のなかにおかれたときに，一時的に図 25.1(b) のような磁石になる（磁化という）ためと考えられる．このような磁化の現象を起こす物質を磁性体とよび，起こさない物質を非磁性体という．

図 25.3 のように，無端ソレノイドコイルの内部に鉄のような磁性体を満たし（鉄

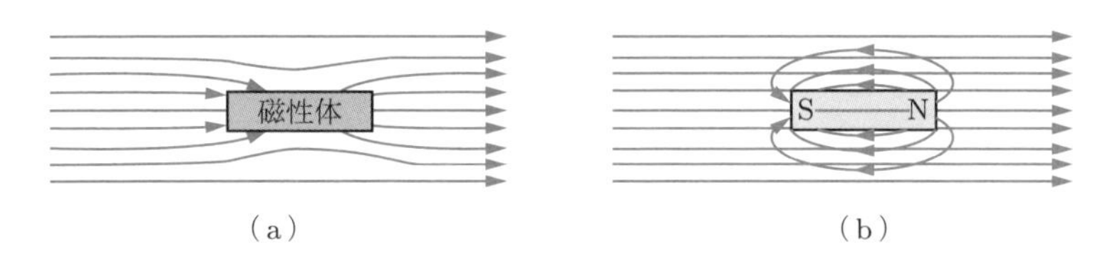

図 25.1　磁界中に磁性体をおいたとき

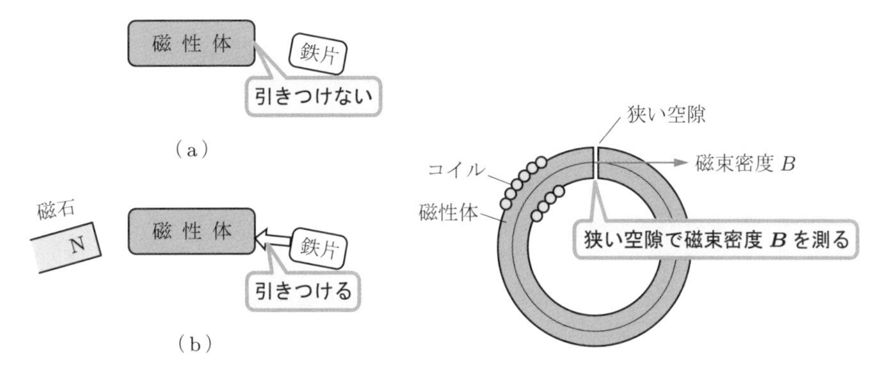

図 25.2　磁石に近づくと磁性体は磁石になる

図 25.3　磁性体を満たした無端ソレノイドコイル

心という），この鉄心の一箇所に図のように磁界に直角に狭い空隙を作って，そのなかの磁束密度 B の値を測ると（たとえば電磁力で），鉄心のないときに比べて B の値がいちじるしく大きくなる．同時に，この無端ソレノイドコイルの自己インダクタンス L の値も B の増大と同じ割合で大きくなる．磁束密度 B の増大の程度は，コイルのなかに満たす物質によって異なる．図 25.3 のようなものを用いて，コイルに電流を流し，それを変化したときの磁束密度 B の値の変化の様子を測定することによって，物質の磁気的な性質を調べることができる．同じ大きさの電流に対して磁束密度を大きくする目的で，電気機械には磁性体が多く使われる．

磁性体の物質構造や詳しい性質については電気電子物性学で扱われるので，電気磁気学ではその見かけ上の性質に触れるだけであるが，磁気的性質について，物質は**強磁性体**と**フェリ磁性体**に分類されている．強磁性体は構成各原子の電子スピンによる微小等価電流環（磁気双極子ともよばれる）の作用が強く，それらの相互作用で磁性体内の小範囲（磁区とよばれる）内の微小電流環の向きがそろっているものの集合である．外部磁界が加わらないときは各磁区全体の等価電流環は勝手な方向を向いていて，磁性体全体としては外部に磁界を生じないが，外部から磁界が加わると，その強さに応じて各磁区の等価電流環の向きがそろってくる（磁化）ので，外部に向かって磁界を発生する．フェリ磁性体は一つの磁区内の電子スピンによる微小電流環が全部が同方向を向いているのではなく，一部は反対方向を向いているために磁区の等価電流環の強さが弱くなっているものである．

また，非磁性体には，きわめてわずかではあるが磁気的性質があって，磁界に入れたときに真空中よりも磁束密度がわずかに増す**常磁性体**，真空中よりも減る**反磁性体**（これは各原子核のまわりの電子の軌道運動によるとされる），および内部構造は強磁性体やフェリ磁性体のような性質をもつが，磁区内の電子スピンの向きが半分ずつ逆向きになっていて外部にはわずかな磁性しか表さない反強磁性体がある．

25.2 磁性体の磁化

外部から加えられた磁界によって磁石になっている磁性体や，外からは磁界が加えられなくても外部に磁界を発生している磁性体（永久磁石）は磁化しているという．

磁性体の磁化は物性的にはかなり複雑な現象と考えられているが，大ざっぱにいえば 17.4 節で述べたように，磁性体を構成している原子中の電子の自転（スピン）が微小な電流環と同等な作用をし，磁界のないところでは，それらの方向が不規則なために全体としてその作用を外部に表さないが，外部から磁界が加わると，それによって各微小電流環は回転力を受け（20.2 節），外部磁界の強さに応じてある程度向きを磁界方向にそろえるために，磁性体全体として電流の流れている一つのコイルと同様の作用をするものである．普通の軟鉄やニッケルのような磁性体の場合は，外部磁界を取り去れば，各微小電流環の向きは熱運動によって再び不規則（ランダム）になり，全体として磁化が悪くなるが，鋼その他，特別な処理をした磁性体では，内部のスピンの相互作用と内部摩擦のために，いったん磁化すると外部磁界をなくしても磁化の状態が残っていて永久磁石になる．

磁性体の磁化は誘電体の分極と対応しているが，分極の場合はそれによって外部からの電界が常に弱められるのに対し，磁化の場合はそれによって外部からの磁界が強められるところが違う．

25.3 磁化率と透磁率

コイルの断面の寸法に比べて軸方向の長さが十分長い無端ソレノイドコイルを考える．コイルの全巻数を N 回，コイル軸の円の半径を $R\,[\mathrm{m}]$，あるいは平均磁路長 $2\pi R = l\,[\mathrm{m}]$，コイルに流す電流を $I\,[\mathrm{A}]$ とすると，コイルの内部が真空ならば，コイルの中心線に沿った磁束密度 B_0 は，次式となる．

$$B_0 = \frac{\mu_0 N}{2\pi R} I = \frac{\mu_0 N}{l} I = \mu_0 n_0 I \quad [\mathrm{T}], \quad n_0 = \frac{N}{l} \quad [回/\mathrm{m}] \tag{25.1}$$

ここで，n_0 はコイルの単位長あたりの巻数である．

ところが，図 25.4 のようにコイルの内部に磁性体が満たされると，磁性体の各部分はコイルの電流による磁界のために磁化される．磁化されたこの磁牲体はコイルと同方向の電流を流した無端ソレノイドコイルと同等だから，ソレノイドコイルの内部には真空の場合の磁束密度 B_0 のほかに，さらに，磁化された磁性体の作る磁束密度が加わることになる．磁化による磁束密度がコイルの電流 I，したがって B_0 に比例すれば，その比例の定数を χ_m とすると，磁性体のあるときのソレノイドコイルの内部の結局の磁束密度は B_0 と $\chi_m B_0$ との和になるから，次のように表される．

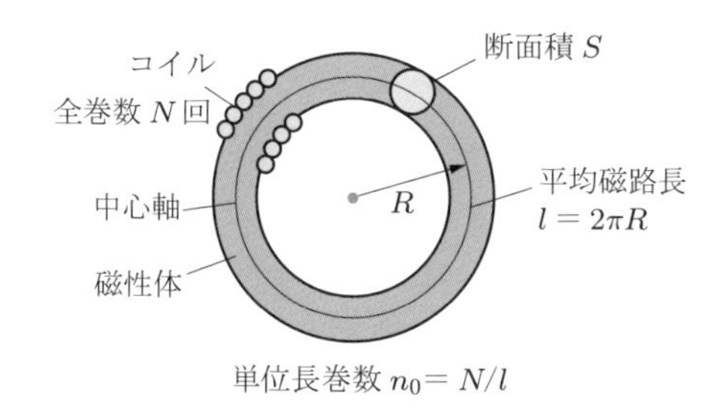

図 25.4 磁性体を満たした無端ソレノイドコイルの自己インダクタンスを求める

$$B = B_0 + \chi_m B_0 = (1+\chi_m)B_0 = (1+\chi_m)\mu_0 n_0 I \quad [\mathrm{T}] \tag{25.2}$$

磁化の比例定数 χ_m（無次元）は**比磁化率**とよばれ，磁性体によって異なる．

ここで，

$$1+\chi_m = \mu_\mathrm{r} \quad （無次元） \tag{25.3}$$

$$\mu_\mathrm{r}\mu_0 = \mu \quad [\mathrm{H/m}] \tag{25.4}$$

とおくと，式(25.2)は次のように表すことができる．

$$B = \mu_\mathrm{r}\mu_0 n_0 I = \mu n_0 I \quad [\mathrm{T}] \tag{25.5}$$

μ_r をその磁性体の**比透磁率**，μ を**透磁率**という．すなわち，磁性体を満たしたときのソレノイドコイルの内部の磁束密度 B は真空の場合の磁束密度 B_0 の μ_r 倍に，したがってまた，自己インダクタンスも空心の場合の μ_r 倍になる．

25.4 「磁界の強さ」

25.3節で示したように，磁性体を満たした無端ソレノイドコイルのなかの平均磁束密度 B（中心線上の値にほぼ等しい）は，磁性体のないときの値 B_0 と磁性体の磁化による磁束密度 $\chi_m B_0$ との和と考えられ，$B = (1+\chi_m)B_0$ となるが，B_0 はコイルの単位長あたりの巻数 n_0 と電流 I との積 $n_0 I$ に真空の透磁率 μ_0 をかけたものに等しいから

$$B = (1+\chi_m)B_0 = \mu_\mathrm{r}\mu_0 n_0 I = \mu n_0 I \quad [\mathrm{T}]$$

となる．磁束密度 B は大きさと方向とをもつベクトル量であるから，透磁率 μ の値が方向によって変わらない等方性の磁性体の場合，B_0 の原因となっている単位長あたりの電流 $n_0 I$ [A/m] も B, B_0 と同じ方向をもつベクトル量である．そこで

$$n_0 I = \frac{B_0}{\mu_0} = H \quad [\mathrm{A/m}] \tag{25.6}$$

というベクトル量 H [A/m] を定義することができる．

この H というベクトル量は，電気磁気学の歴史的慣習に従って**「磁界の強さ」**とよばれている．これは，磁界の原因として電荷に対応するような磁荷（単磁極ともいう）を想定し，この磁荷に作用する力の場として磁界を定義する電気磁気学の方式で，電界の強さに対応するものとして「磁界の強さ」としたものである．しかし，今日では磁荷というものは実在せず，磁界は電流（もっと一般的にいえば電荷の運動）によって生じると考えられているので，磁界の強さを表すものは磁束密度 B であり，

$H\ (= n_0 I)$ [A/m] は磁界を生じる源になっている外部電流の作用を表すものと考えることができる．H はまた，実際に存在する磁界の磁束密度 B から，磁性体によって加わった磁束密度 $\chi_m B_0$ を差し引いた B_0 を μ_0 で割ったものともいえる．

式 (25.6) の H を用いると，式 (25.5) は次のように表すことができる．

$$B = \mu_r \mu_0 H = \mu H \quad [\mathrm{T}] \tag{25.7}$$

演習問題

25.1 円形断面の半径が 1 [cm]，コイル軸の長さ 40 [cm]，コイルの全巻数 400 回の無端ソレノイドコイル（【演習問題 24.3】と同じもの）の内部に，比透磁率 $\mu_r = 3000$ の鉄心を満たしたものの自己インダクタンスはいくらか？

25.2 【演習問題 25.1】と同じコイルのなかの鉄心をほかの磁性体に変えたら，自己インダクタンスは 1.2 [H] になった．この磁性体の比透磁率はいくらか？

第26章 磁気回路

26.1 強磁性体の磁路

図 26.1(a) のように，一つの閉じた環を形成するような強磁性体の枠の一部分に導線のコイルを巻いて電流を流すと，磁性体の部分の透磁率がそのまわりの物質，たとえば空気の透磁率に比べて格段に大きいので，コイルによって生じた磁束 ϕ の大部分は，磁性体の形が無端ソレノイドコイルの場合のような円環状ではなく任意の形であっても，また，コイルが一部分にしか巻いてなくても，この磁性体のなかだけを通る．

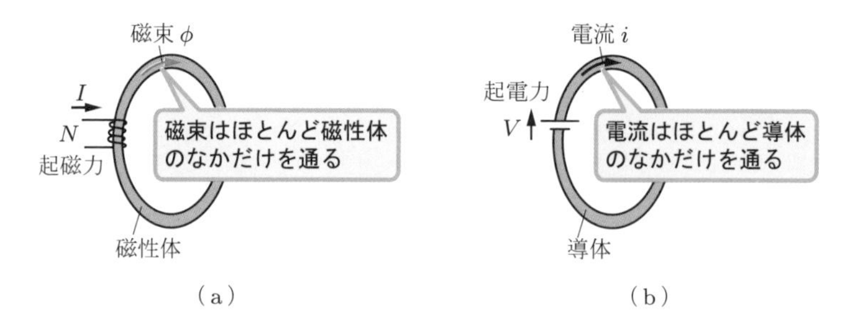

図 26.1　磁気回路と電気回路

これは，図 26.1(b) のように，導体で作られた電気回路の一箇所に電源を接続すると，導体の導電率がまわりの物質，たとえば空気や絶縁被覆のそれに比べて格段に高いために，電流は実際上導体のなかだけを流れるのと似ている．

このような磁束を通す強磁性体の閉路（一部分に空隙のある場合もある）を磁路という．磁路は電気回路の電流路に相当し，磁路中を通る磁束は電流に相当し，磁路に巻いた電流の流れているコイルは電源に相当すると考えると，閉磁路中を通る磁束の値は，電気回路で電流を求めるのと同様の方法で求めることができる．このような考え方をするとき，上記のような磁路を**磁気回路**という．磁気回路の考え方は電気機器の計算に便利なので，よく利用される．

26.2 起磁力と磁気抵抗

いくつかの電流の合計 $\sum I$ [A] を取り巻く（鎖交する）積分路に沿っての磁束密度の成分 B_s（$= B\cos\theta$，θ は積分路上の各点での積分路の接線とその点の磁束密度 B との間の角）の積分についてのアンペールの周回積分則は，磁性体のない真空中では式 (19.7) で表されるが，積分路が磁性体のなかにあるときは，真空の透磁率 μ_0 の代わりにその磁性体の透磁率 $\mu = \mu_r\mu_0$（μ_r は比透磁率）を用いなければならないから，次のように表される．

$$\oint B_s \mathrm{d}s = \mu \sum I \quad [\mathrm{Tm}] = [\mathrm{AH/m}] \tag{26.1}$$

両辺を μ で割れば，

$$\oint \frac{B_s}{\mu} \mathrm{d}s = \sum I \quad [\mathrm{A}] \tag{26.2}$$

となる．

いま，図 26.2 のような磁気回路を考え，コイルの巻数を N 回，電流を I [A] とすれば，積分路を磁路中の B に沿ってとったとき $B_s = B(\theta = 0)$, $\sum I = NI$ だから，式 (26.2) のアンペールの周回積分則は次のようになる．

$$\oint \frac{B}{\mu} \mathrm{d}s = NI \quad [\mathrm{A}]$$

磁路の任意の位置での断面積を S [m^2], 磁束密度を B [T] とすれば，$BS = \phi$ [Tm^2] = [Wb] は磁路を通る磁束になる．磁束が磁路外に漏れないものとすれば，磁力線が途中で消えたり湧き出したり，交差したり分岐したりしないことを考えると，磁路の断面積 S が変化しても，透磁率 μ が変化しても，磁束 ϕ の大きさはどの断面でも一定である．そこで，上の式は

$$\oint \frac{B}{\mu} \mathrm{d}s = \oint \frac{BS}{\mu S} \mathrm{d}s = \phi \oint \frac{1}{\mu S} \mathrm{d}s$$

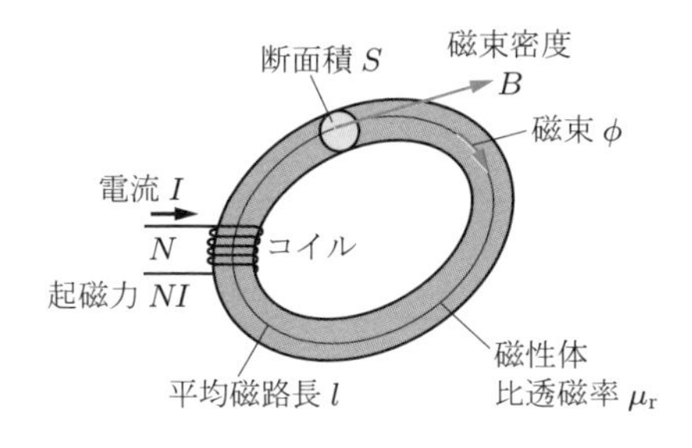

図 26.2　一つのコイルと 1 種類の磁性体とをもつ磁気回路

となるから，結局，周回積分則の式は次のようになる．

$$\phi \oint \frac{1}{\mu S} \mathrm{d}s = NI$$

これを書きなおすと

$$\phi = \frac{NI}{\displaystyle\oint \frac{1}{\mu S} \mathrm{d}s} = \frac{NI}{\mathcal{R}} \quad \text{[Wb]} \tag{26.3}$$

となる．ここで，

$$\mathcal{R} = \oint \frac{1}{\mu S} \mathrm{d}s \quad \text{[A/Wb]} \tag{26.4}$$

とおいたものは，磁路の形と透磁率とだけで決まる値で，**磁気抵抗**という．また，磁束を生じる源となった NI [A] を**起磁力**という．式 (26.3) は，磁気回路を通る磁束 ϕ [Wb] は，起磁力 NI [A] を磁気抵抗 $\mathcal{R}$ [A/Wb] で割った値に等しいことを表すもので，図 26.1(b) の電気回路で，回路を流れる電流 i が起電力 U を回路の電気抵抗 R で割った値に等しいのと同様の関係になる．

26.3 磁気回路

26.2 節のような磁気回路の考え方を使えば，電気回路で電流を求めるのと同じ方法で，磁路中の磁束を求めることができる．このとき，磁気回路の諸量と電気回路の諸量との間には，表 26.1 のような対応がある．

表 26.1 磁気回路と電気回路の対応

磁気回路		電気回路	
量	変数	量	変数
起磁力	NI [A]	起電力	U [V]
磁束	ϕ [Wb]	電流	i [A]
磁束密度	$\phi/S = B$ [Wb/m^2] = [T]	電流密度	$i/S = J$ [A/m^2]
磁気抵抗	$\mathcal{R}$ [A/Wb]	電気抵抗	R [V/A] = [Ω]
透磁率	μ [H/m]	導電率	σ [S/m]

磁気回路がたとえば図 26.3 のように 2 個（一般に n 個）のコイルと 3 種類（一般に m 種類）の磁性体からなるときは，各コイルの巻数を N_1, N_2 回，それらを流れる電流をそれぞれ I_1, I_2 [A] とすれば，起磁力は $N_1 I_1$, $N_2 I_2$ [A] となる．また，各磁性体の部分の磁路に沿っての磁気抵抗をそれぞれ $\mathcal{R}_1$, $\mathcal{R}_2$, $\mathcal{R}_3$ [A/Wb] とすれば，磁路

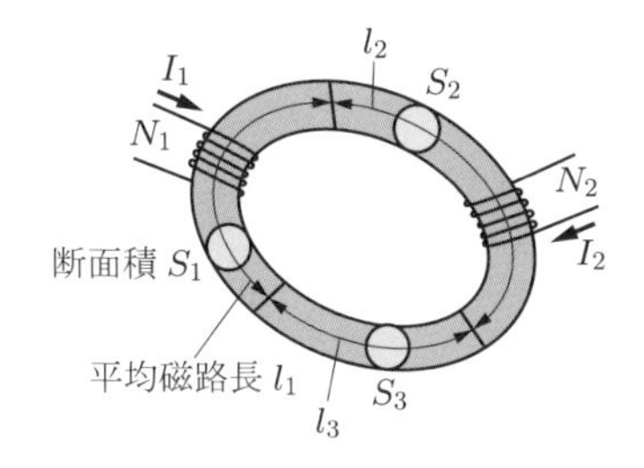

図 26.3 二つのコイルと 3 種類の磁性体とをもつ磁気回路

を通る磁束 ϕ は磁気回路の考え方によって次のように求められる.

$$\phi = \frac{N_1 I_1 + N_2 I_2}{\mathcal{R}_1 + \mathcal{R}_2 + \mathcal{R}_3} \quad [\mathrm{Wb}] \tag{26.5}$$

分母の磁気抵抗 $\mathcal{R}_1, \mathcal{R}_2, \mathcal{R}_3$ は, 各磁性体の部分の比透磁率をそれぞれ $\mu_{\mathrm{r}1}, \mu_{\mathrm{r}2}, \mu_{\mathrm{r}3}$, 断面積を $S_1, S_2, S_3\,[\mathrm{m}^2]$, 磁路に沿っての長さを l_1, l_2, l_3 とすれば, 一般には次の値になる.

$$\mathcal{R}_1 = \frac{1}{\mu_0 \mu_{\mathrm{r}1}} \int_0^{l_1} \frac{\mathrm{d}s}{S_1}, \quad \mathcal{R}_2 = \frac{1}{\mu_0 \mu_{\mathrm{r}2}} \int_0^{l_2} \frac{\mathrm{d}s}{S_2}, \quad \mathcal{R}_3 = \frac{1}{\mu_0 \mu_{\mathrm{r}3}} \int_0^{l_3} \frac{\mathrm{d}s}{S_3} \quad [\mathrm{A/Wb}] \tag{26.6}$$

もし, 各磁性体の部分の断面積がそれぞれ一定ならば, 式 (26.6) の値は次のようになる.

$$\mathcal{R}_1 = \frac{l_1}{\mu_0 \mu_{\mathrm{r}1} S_1}, \quad \mathcal{R}_2 = \frac{l_2}{\mu_0 \mu_{\mathrm{r}2} S_2}, \quad \mathcal{R}_3 = \frac{l_3}{\mu_0 \mu_{\mathrm{r}3} S_3} \quad [\mathrm{A/Wb}] \tag{26.7}$$

例 26.1 鉄心入りのコイル

図 26.4 のような鉄心入りのコイルの, 鉄心中の磁束 ϕ および磁束密度 B を求める. ただし, 鉄心の断面積は $S = 20\,[\mathrm{cm}^2]$ (一定), 平均磁路長は $l = 50\,[\mathrm{cm}]$, 鉄心の比

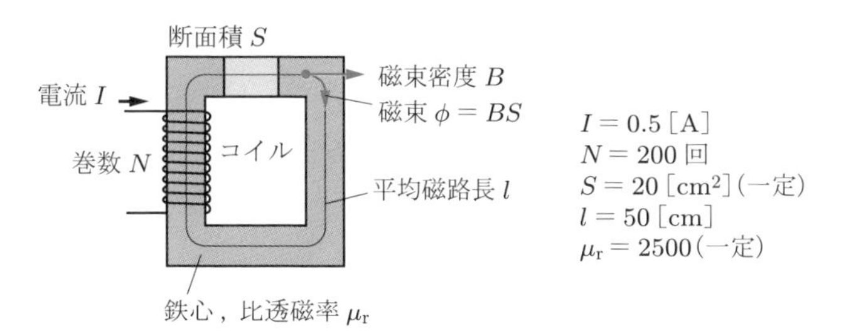

図 26.4 鉄心入りのコイル

透磁率は $\mu_r = 2500$（一定）とし，コイルの巻数は $N = 200$ 回，電流は $I = 0.5$ [A] とする．

磁束 ϕ は，式 (26.5) および式 (26.7) から次のようになる．

$$\phi = \frac{NI}{\dfrac{l}{\mu_0 \mu_r S}} = \frac{\mu_0 \mu_r SNI}{l} \quad \text{[Wb]} \tag{26.8}$$

$$= \frac{4\pi \times 10^{-7} \times 2500 \times 20 \times 10^{-4} \times 200 \times 0.5}{0.5} = 1.26 \times 10^{-3} \quad \text{[Wb]}$$

磁束密度 B は次のように求められる．

$$B = \frac{\phi}{S} = \frac{\mu_0 \mu_r NI}{l} \quad \text{[T]} \tag{26.9}$$

$$= \frac{1.26 \times 10^{-3}}{20 \times 10^{-4}} = 0.628 \quad \text{[T]}$$

また，コイルの自己インダクタンス L の値は，L の定義である式 (24.1) から，コイルに鎖交する全磁束を Φ [Wb] とすれば，次のようになる．

$$L = \frac{\Phi}{I} = \frac{N\phi}{I} = \frac{\mu_0 \mu_r SN^2}{l} \quad \text{[H]} \tag{26.10}$$

$$= \frac{4\pi \times 10^{-7} \times 2500 \times 20 \times 10^{-4} \times 200^2}{0.5} = 0.503 \quad \text{[H]}$$

例 26.2 空隙のある鉄心入りのコイル

図 26.5 のような空隙のある鉄心入りのコイルの磁路（鉄心および空隙）のなかの磁束 ϕ および磁束密度 B を求める．ただし，鉄心の断面積は $S = 20$ [cm^2]（一定），鉄心部分の平均磁路長は $l = 50$ [cm]，鉄心の比透磁率は $\mu_r = 2500$（一定）とし，空隙の長さは $g = 0.2$ [mm]，コイルの巻数は $N = 200$ 回，電流は $I = 0.5$ [A] とする．

磁束 ϕ は，式 (26.5) および式 (26.7) から次のようになる．

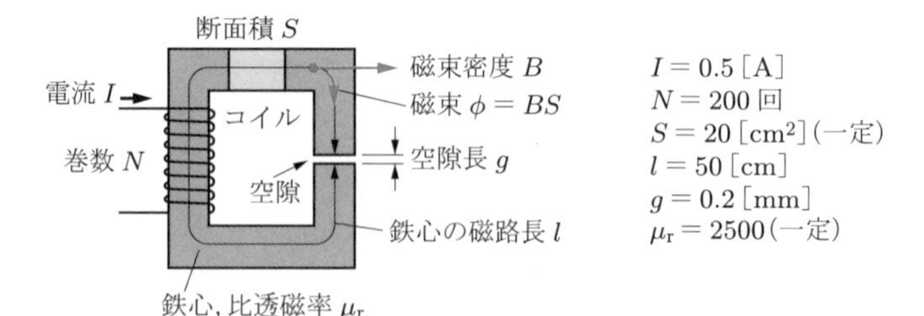

図 26.5 空隙のある鉄心入りのコイル

$$\phi = \frac{NI}{\dfrac{l}{\mu_0\mu_r S} + \dfrac{g}{\mu_0 S}} = \frac{\mu_0 SNI}{\dfrac{l}{\mu_r} + g} \tag{26.11}$$

$$= \frac{4\pi \times 10^{-7} \times 20 \times 10^{-4} \times 200 \times 0.5}{\dfrac{0.5}{2500} + 2 \times 10^{-4}}$$

$$= \frac{8\pi \times 10^{-4}}{2+2} = 6.28 \times 10^{-4} \quad [\mathrm{Wb}]$$

磁束密度 B は次のように求められる.

$$B = \frac{\phi}{S} = \frac{\mu_0 NI}{\dfrac{l}{\mu_r} + g} \tag{26.12}$$

$$= \frac{4\pi \times 10^{-7} \times 200 \times 0.5}{\dfrac{0.5}{2500} + 2 \times 10^{-4}} = 0.314 \quad [\mathrm{T}]$$

この例では，長さ 50 [cm] の鉄心の磁気抵抗と長さ 0.2 [mm] の空隙の磁気抵抗とが等しいことがわかる.

演習問題

26.1 図 26.6 のような鉄心入りのコイルがある．コイルの巻数は $N = 500$ 回，鉄心の断面積は $S = 12\,[\mathrm{cm}^2]$（一定），鉄心の平均磁路長は $l = 40\,[\mathrm{cm}]$，鉄心の比透磁率は $\mu_r = 3000$（一定）である．コイルに電流 0.1 [A] を流したときに，鉄心中を通る磁束 ϕ および鉄心中の磁束密度 B はそれぞれいくらになるか？

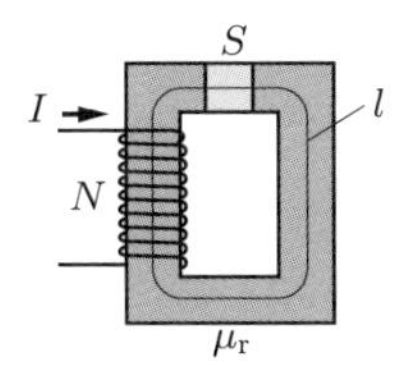

図 26.6

26.2 【演習問題 26.1】のコイルの自己インダクタンス L はいくらになるか？

26.3 図 26.7 のような空隙のある鉄心入りのコイルがある．コイルの巻数は $N = 500$ 回，鉄心の断面積は $S = 25\,[\mathrm{cm}^2]$（一定），鉄心の平均磁路長は $l = 50\,[\mathrm{cm}]$，比透磁率は $\mu_r = 2500$（一定），空隙の長さは $g = 0.2\,[\mathrm{mm}]$ である．コイルに電流 0.5 [A] を流したときに，磁路中を通る磁束 ϕ および磁路中の磁束密度 B はそれぞれいくらになるか？ また，鉄心部分の磁気抵抗と空隙部分の磁気抵抗とはどのような割合になっているか？

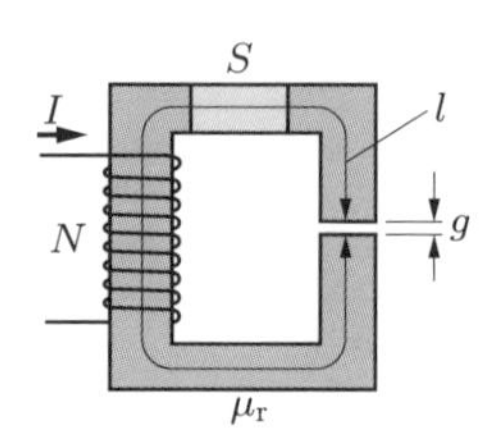

図 26.7

26.4　【演習問題 26.3】のコイルの自己インダクタンス L はいくらになるか？

26.5　【演習問題 26.3】で，空隙がなくなったら，自己インダクタンスはいくらになるか？また，空隙長が 2 倍になったら，自己インダクタンスはいくらになるか？

26.6　図 26.8 のような鉄心にそれぞれ $N_1 = 400$ 回，$N_2 = 200$ 回巻きの二つのコイル（コイル 1, 2 とする）が巻いてある．鉄心の断面積は $S = 25\,[\mathrm{cm}^2]$（一定），平均磁路長は $l = 50\,[\mathrm{cm}]$，比透磁率は $\mu_r = 4000$（一定）である．コイル 1, 2 の自己インダクタンス L_1, L_2，および両コイル間の相互インダクタンス M の値はそれぞれいくらになるか？ また，L_1, L_2, M の間にはどのような関係があるか？

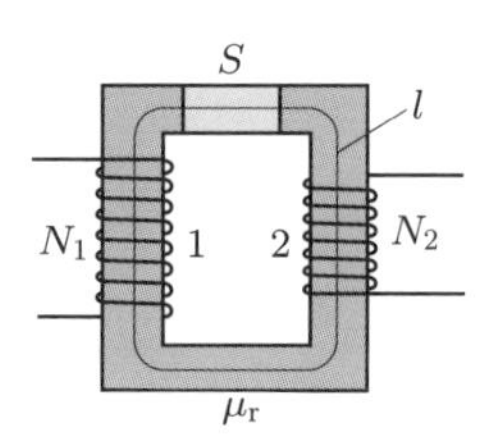

図 26.8

第27章 強磁性体の磁化

27.1 強磁性体の磁化曲線

図 27.1 のように，無端ソレノイドコイルの内部に磁性体を満たしたものに電流 I を流したときに，磁性体はコイルの単位長の巻数 n_0 と I との積 $(= H)$ に比例した磁化による磁束密度 $\chi_m \mu_0 n_0 I$（χ_m は比磁化率）を生じるため，磁性体中の磁束密度 B も電流 I（または $n_0 I = H$）に比例すると，これまでは一応考えてきた．しかし，実際の磁性体の磁化はそれほど簡単ではない．磁性体の磁化機構の詳細については電気電子物性学で扱われるので，ここでは見かけの性質だけを考えるが，その原因については，ごく大ざっぱにいえば，電子のスピンをともなった磁性体分子が外から加えられた磁界によって磁性体中で向きを変えるときに分子間の摩擦があって，滑らかには向きを変えないことが磁化の現象を複雑にしていると考えることができる．

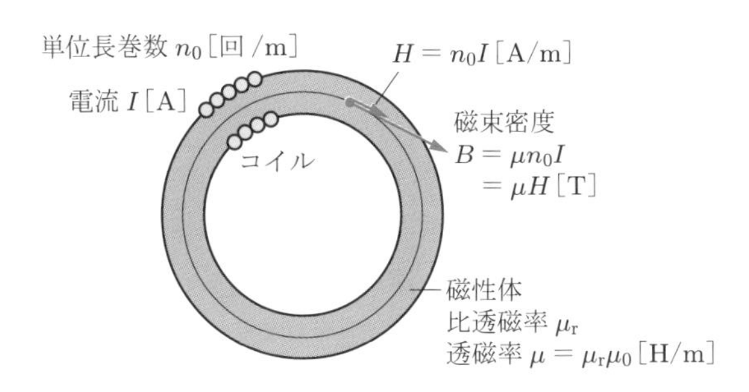

図 27.1　磁束密度 B と磁界の強さ H

いま，磁性体のなかにほぼ一様な磁界を作るために，図 27.1 のような無端ソレノイドコイルのなかに一様に磁性体を満たしたものを用いる．コイルに電流 I を流すと，電流の増加に従って，磁性体内の磁束密度 B は電流 I に比例はしないで，図 27.2 の曲線①のような経過をたどって増大し，やがて飽和してくる．図では，横軸に電流そのものでなく $n_0 I = H$ [A/m]（単位長あたりの起磁力）の値を，縦軸に磁束密度 B [T] の値をとってある．

$n_0 I = H$ の値を十分大きくすると，磁束密度 B は飽和してほとんど増加しなくなる．この B の値 B_m を飽和磁束密度という．B が B_m に達してから電流を減らしていくと，前とは違った曲線②のような経過をたどり，電流を 0 に戻しても，B は 0 に

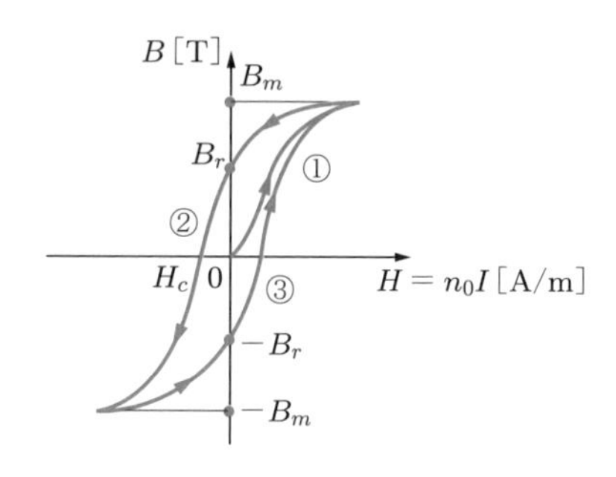

図 27.2 強磁性体の磁化曲線

はならないで，B_r だけの磁束密度が残る．すなわち，この状態では磁化が残っていて，ある強さの永久磁石になっている．この B_r の値を**残留磁束密度**，この現象を**残留磁気**という．

B を 0 にするには，電流を逆向きに流して，H が H_c になるまで増やさなければならない．このときの H_c [A/m] の値を**保磁力**という．

逆方向電流をさらに増やしていくと，B も逆方向に増大し，ついに逆方向の飽和値 $-B_m$ [T] に達する．

この状態から電流を再び減らしていくと，前とは異なる曲線③のような経過をとり，電流を 0 にしたときに前と反対方向の残留磁束密度 $-B_r$ が残り，電流をはじめの方向に増やしていけば，B は 0 を通って③の経過をとり，再び飽和値 B_m に達する．

図 27.2 のような曲線を**磁化曲線**または ***B-H* 曲線**といい，その形は磁性体によって異なる．強磁性体の磁化曲線の特徴は磁化電流と磁束密度との関係が過去の磁化の経過によって異なることで，この現象を**履歴現象**（ヒステリシス現象）といい，また，$H = n_0 I$ の値を正の最大値から負の最大値までの間で一周期変化させたときに描く閉曲線を**ヒステリシスループ**という．

27.2 強磁性体の透磁率

27.1 節で述べたように，強磁性体の磁束密度 B とその原因となる単位長あたりの電流 $H = n_0 I$ との比は磁化の履歴によって異なるため，$B/H = \mu$ の透磁率の値も一義的には定まらない．

そこで，$H = n_0 I$ を正負対称に周期的に変化させ，その正負最大値を広範囲に変化したときの磁化曲線の最大値の点を連ねた曲線をとり（図 27.3 の磁化曲線の青い線），これを「**普通磁化曲線**」とし，これによって透磁率 $\mu = B/H$ [H/m] の値を決めている．

「普通磁化曲線」上の任意の点での B/H の値を「**普通透磁率**」という．したがっ

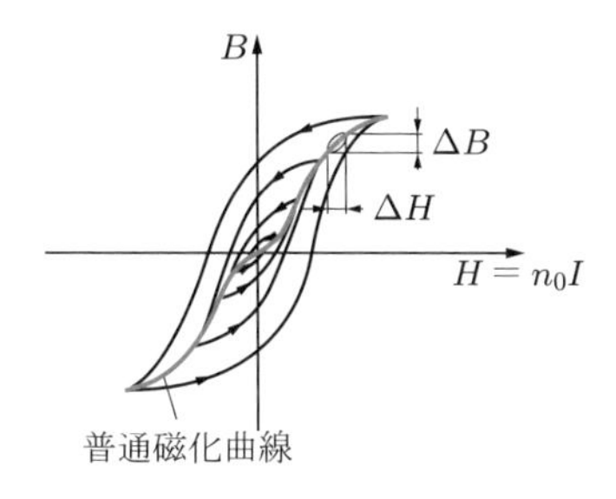

図 27.3　普通磁化曲線

て，「普通透磁率」の値は「普通磁化曲線」上の位置によってある程度変化する．B のきわめて小さい部分の「普通透磁率」を「**初透磁率**」，任意の $H = n_0 I$ の付近で H を小範囲 ΔH だけ変化したときに B の変化範囲が ΔB であるときは $\Delta B/\Delta H$ の値を「**変分透磁率**」，また，「普通磁化曲線」上の任意の点での接線の傾き $\mathrm{d}B/\mathrm{d}H$ の値を「**微分透磁率**」という．

27.3　磁化曲線とヒステリシス損

磁性体の磁化曲線がヒステリシスループを描く理由は 27.1 節にも述べたように，簡単にいえば，磁性体内の電子スピンをもった原子または分子が外部から加えられた磁界によって向きを変えるときに内部摩擦があるためである．このヒステリシスループによって囲まれた面積は内部摩擦によって失われるエネルギーに比例する（証明は省略）．

したがって，磁化を起こす電流が**周波数** f [Hz]（ヘルツ）の交流であるときは，毎秒 f 回のヒステリシスループが描かれることになり，これが電力の損失となり，磁性体（普通は鉄）は熱を発生する．この電力損失は**ヒステリシス損**とよばれ，交流の電気機器にはなるべく小さいことが望ましい．したがって，交流の電気機器に用いる鉄心材料の磁化曲線は図 27.4 の曲線 a のようにヒステリシスループの面積がなるべく狭いことが望ましい．そのほかに，少ない電流，少ない磁性体で多くの磁束を得るためには，透磁率 μ が大きいこと，すなわち磁化曲線の傾きが急なこと，最大（飽和）磁束密度 B_m が大きいことが望ましい．

このヒステリシス損は，1 秒間にループが描かれる数，すなわち周波数 f に比例することは明らかだが，また，ループの囲む面積，したがってその材料の性質と，使用するときの磁束密度の最大値 $B_{\max}$ とに関係するので，磁性材料の単位体積あたりのヒステリシス損 P_h は次のように表される．

$$P_h = f \eta B_{\max}^{1.6} \quad [\mathrm{W/m^3}] \tag{27.1}$$

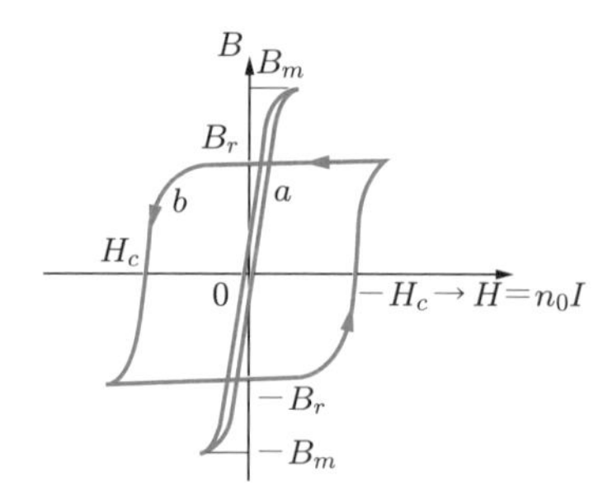

図 27.4 2 種の磁化曲線

ここで，f：周波数 [Hz]

η：**ヒステリシス定数** [J/($\mathrm{T}^{1.6}\mathrm{m}^3$)]

$B_{\max}$：磁束密度の最大値 [T]

$B_{\max}^{1.6}$ の指数 1.6 は実験的に得られたもので，**スタインメッツ定数**とよばれる．

27.4 永久磁石

交流電気機器に用いる磁性体は，27.3 節で述べたように，なるべくヒステリシス損の少ない，すなわち図 27.4 の曲線 a のようにヒステリシスループの狭いものが望ましいのに対し，永久磁石に用いる磁性体の磁化曲線は，図の曲線 b のようにヒステリシスループの幅が広く，残留磁束密度 B_r が大きいと同時に保磁力 H_c の大きいものが望ましい．残留磁束密度 B_r が大きいことは磁石が強いことであり，保磁力 H_c が大きいことは，外部からの磁界や熱や機械的衝撃に対して磁化が弱くならないことである．永久磁石にとっては B_r の大きいことも必要ではあるが，H_c が大きく，磁化曲線が方形に近いことが重要である．

永久磁石の場合は外部に磁界を供給するのが目的のことが多いから，その磁路は磁性体だけの閉磁路ではなく，図 27.5(a) のように，使用目的に応じて空隙があるのが

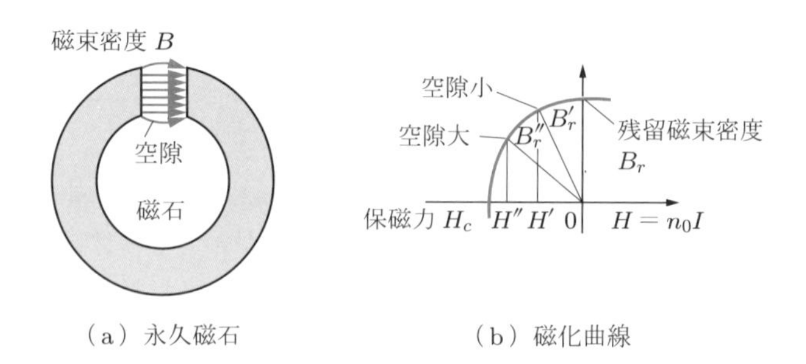

（a）永久磁石　（b）磁化曲線

図 27.5 永久磁石と磁化

普通で，そのために磁気回路の磁気抵抗が高くなって，磁路の磁束密度は図 (b) の B'_r あるいは B''_r のように，空隙のない場合の残留磁束密度 B_r より小さくなる．この場合は磁性体に残っている磁化が起磁力になっている．空隙の大きさに応じて磁束密度が B_r から B'_r, B''_r のように減ることは，本来磁気回路の磁気抵抗が高くなるためであるが，見かけ上，外部から単位長あたりの起磁力が B'_r の場合は H', B''_r の場合は H'' [A/m] だけそれぞれ逆方向に加わったように見えるので，この H', H'' などを自己減磁力ということがある．

また，図 27.6 から明らかなように，曲線 b のような磁化曲線の材料では，空隙のないときの残留磁束密度は曲線 a の材料の残留磁束密度よりも大きいが，空隙のあるときの磁束密度は a の残留磁束密度よりもかえって小さくなることがわかる．したがって，永久磁石には保磁力 H_c の大きい磁性体が適しているわけである．

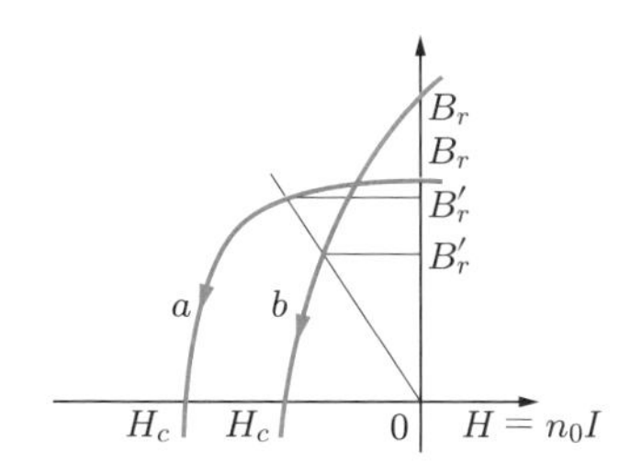

図 27.6　減磁曲線の比較

演習問題

27.1　交流の電気機器に用いられる鉄心用材料には，どんな磁化曲線をもつものが適するか？ 図を描き，理由を述べて答えなさい．

27.2　断面積 25 [cm^2]，平均磁路長 50 [cm] の鉄心を周波数 50 [Hz]，最大磁束密度 1.5 [T] で使ったら，ヒステリシス損はいくらになるか？ ただし，鉄心材料のヒステリシス定数は $\eta = 200\,[\mathrm{J/(T^{1.6}m^3)}]$ であるとする．

27.3　永久磁石を作るには，どんな磁化曲線をもつ磁性材料が適するか？ 図を描き，理由を述べて答えなさい．

第28章 磁界のエネルギーと磁性体にはたらく力

28.1 自己インダクタンスに蓄えられるエネルギー

図 28.1 の電気回路で，自己インダクタンス L [H] のコイルにある大きさの電流 I [A] を流すのに，電流 i を 0 から次第に増やして I に達するものとし，その間に外部の電源からコイルに供給される総エネルギー W [J] を考える．

図 28.1 インダクタンスに電流を流す

電流を 0 から次第に増やしていき，途中の i [A] になった瞬間の電流 i の時間的増大の割合 $\mathrm{d}i/\mathrm{d}t$ [A/s] によってインダクタンス L の両端間に生じる逆起電力が v [V] ならば，この値は外部電源によってコイルに加えている電位差に等しい．このとき，電源からはコイルに向かって，

$$p = iv \quad [\mathrm{W}]$$

の電力が供給されていることになる．したがって，微小時間 $\mathrm{d}t$ [s] の間にコイルに供給されるエネルギー $\mathrm{d}W$ は

$$\mathrm{d}W = p\mathrm{d}t = iv\mathrm{d}t \quad [\mathrm{J}]$$

になる．したがって，電流 i が 0 からはじまって I [A] に達するまでにコイルに供給される総エネルギー W は

$$W = \int_{i=0}^{i=I} \mathrm{d}W = \int_{i=0}^{i=I} iv\mathrm{d}t \quad [\mathrm{Ws}] = [\mathrm{J}]$$

となるが，

$$v = L\frac{\mathrm{d}i}{\mathrm{d}t} \quad [\mathrm{V}]$$

だから

$$W = \int_{i=0}^{i=I} iL\frac{\mathrm{d}i}{\mathrm{d}t}\mathrm{d}t = L\int_0^I i\mathrm{d}i = \frac{1}{2}LI^2 \quad [\mathrm{J}] \tag{28.1}$$

となる．インダクタンスのなかではエネルギーの消費される場所はないから，このエネルギーはインダクタンス L のなかに蓄えられていることになる．

28.2　磁界のエネルギー

図 28.2 のような無端ソレノイドコイルのなかに磁性体を満たしたものを考える．磁性体の断面積を $S\,[\mathrm{m}^2]$，平均磁路長を $l\,[\mathrm{m}]$，コイルの全巻数を N 回，単位長あたりのコイルの巻数を $n_0\,[回/\mathrm{m}]$，磁性体の透磁率を $\mu = \mu_\mathrm{r}\mu_0\,[\mathrm{H/m}]$ とする．コイルに $I\,[\mathrm{A}]$ の電流を流したときに，19.5 節で求めたように，コイルの外部には磁界はなく，コイルの内部，すなわち磁性体内の磁束密度 B は式 (19.10) の μ_0 を μ にした式 (25.5) より，次のようになる．

$$B = \mu n_0 I = \mu\frac{N}{l}I \quad [\mathrm{T}] \tag{28.2}$$

また，コイルの自己インダクタンス L の値は，コイルの全鎖交磁束 $\Phi = BSN\,[\mathrm{Wb}]$ を電流 $I\,[\mathrm{A}]$ で割った次の値になる．

$$L = \frac{BSN}{I} \quad [\mathrm{H}] \tag{28.3}$$

この L に蓄えられているエネルギー W は，式 (28.1) より

$$W = \frac{1}{2}LI^2 = \frac{1}{2}BSNI \quad [\mathrm{J}] \tag{28.4}$$

となる．コイルが十分細長いものとすれば，内部の磁界はほぼ一様と考えてよいが，上記のエネルギー W がコイルの内部の磁界中に一様な密度で蓄えられるとすると，全エネルギー $W\,[\mathrm{J}]$ をコイル内部（磁性体）の体積 $Sl\,[\mathrm{m}^3]$ で割れば単位体積中のエ

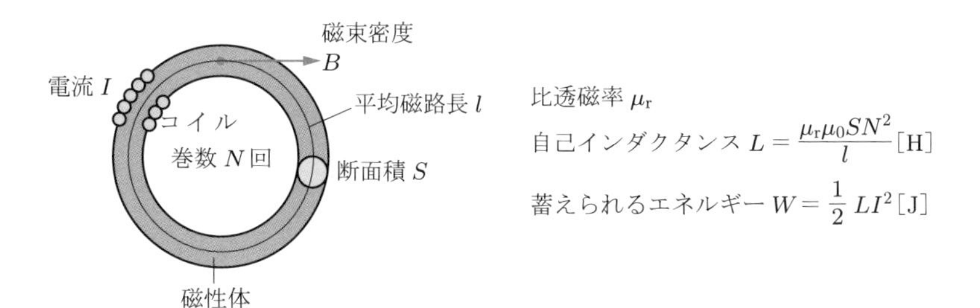

図 28.2　無端ソレノイドコイルに蓄えられるエネルギー

ネルギー，すなわちエネルギー密度 $w\,[\mathrm{J/m^3}]$ が得られる．式 (28.4) に式 (28.2) の関係を入れると，

$$w = \frac{W}{Sl} = \frac{1}{2}\frac{BSNI}{Sl} = \frac{B}{2\mu}\frac{\mu NI}{l} = \frac{B^2}{2\mu} \quad [\mathrm{J/m^3}] \tag{28.5}$$

となる．あるいは，$B = \mu H$ の関係を用いると次のようにも表せる．

$$w = \frac{1}{2}BH \quad [\mathrm{J/m^3}] \tag{28.5$'$}$$

28.3 磁性体の表面にはたらく力

11.3 節で電界によって導体表面にはたらく力を求めたのと同様の仮想変位の方法で，磁界によって磁性体の表面にはたらく力を求めることができる．

図 28.3 のように，透磁率 $\mu_1 = \mu_{\mathrm{r1}}\mu_0$, $\mu_2 = \mu_{\mathrm{r2}}\mu_0$ の物質 I, II が接していて，境界面に垂直に磁束密度 $B\,[\mathrm{T}]$ の磁界があるとする．いま，境界面に物質 II から I に向かって単位面積あたり $F_0\,[\mathrm{N/m^2}]$ の力が磁界によってはたらいているとして，この力 F_0 によって境界面が力の方向に $\Delta x\,[\mathrm{m}]$ だけ変位したとすると，磁性体は磁界によって単位面積あたりに

$$F_0\Delta x \quad [\mathrm{Nm/m^2}] = [\mathrm{J/m^2}]$$

の仕事をされた（受け取った）ことになる．一方，境界面が変位する前に変位によって変わった体積 $1\,[\mathrm{m^2}] \times \Delta x\,[\mathrm{m}]$ のなかに蓄えられていたエネルギー W_1 は

$$W_1 = \frac{B^2}{2\mu_1}\Delta x \quad [\mathrm{J/m^2}]$$

となる．変位したあとでこの体積中に蓄えられているエネルギー W_2 は

$$W_2 = \frac{B^2}{2\mu_2}\Delta x \quad [\mathrm{J/m^2}]$$

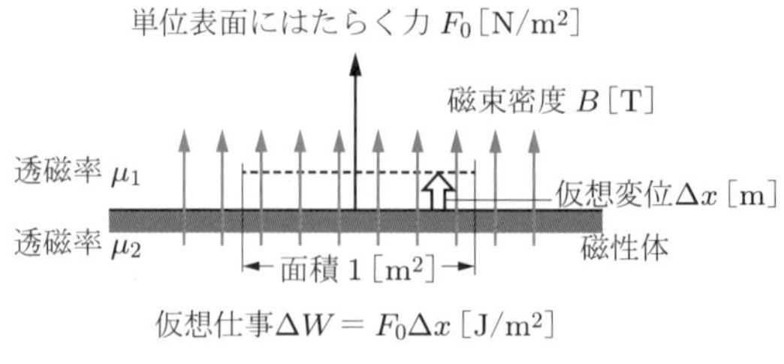

図 28.3　仮想変位による磁性体表面にはたらく力

になるから，変位した体積内のエネルギーは

$$W_1 - W_2 = \frac{B^2}{2}\left(\frac{1}{\mu_1} - \frac{1}{\mu_2}\right)\Delta x = \frac{B^2}{2\mu_0}\left(\frac{1}{\mu_{r1}} - \frac{1}{\mu_{r2}}\right)\Delta x \quad [\mathrm{J/m^2}]$$

だけ減ったことになり，これが変位の仕事 $F_0\Delta x$ に変わったと考えられる．そのため，次式が成り立つ．

$$F_0\Delta x = W_1 - W_2 = \frac{B^2}{2\mu_0}\left(\frac{1}{\mu_{r1}} - \frac{1}{\mu_{r2}}\right)\Delta x$$

したがって，境界面にはたらいている力 F_0 は

$$F_0 = \frac{B^2}{2\mu_0}\left(\frac{1}{\mu_{r1}} - \frac{1}{\mu_{r2}}\right) \quad [\mathrm{N/m^2}] \tag{28.6}$$

となる．μ_{r1}, μ_{r2} はそれぞれ物質 I, II の比透磁率である．

式 (28.6) と図 28.3 とから，$\mu_{r1} < \mu_{r2}$ ならば F_0 は正で，図の矢印の方向にはたらき，$\mu_{r1} > \mu_{r2}$ ならば F_0 は負で，矢印とは反対の方向にはたらく．力の方向は，磁界の境界面に垂直な方向の成分の大きさが同じならば，その向きには関係がない．

物質 I が真空または空気のように比透磁率 μ_{r1} が 1 で，物質 II が強磁性体で比透磁率 μ_{r2} が 1 より非常に大きいときは式 (28.6) の第 2 項は省略できるから，

$$F_0 \fallingdotseq \frac{B^2}{2\mu_0} \quad [\mathrm{N/m^2}] \tag{28.7}$$

となる．これは磁石の吸引力の概算に用いられる．

演習問題

28.1 2 [H] の自己インダクタンスをもつコイルに 3 [A] の電流が流れているとき，コイルにはいくらのエネルギーが蓄えられているか？

28.2 自己インダクタンス 100 [H] のコイルに，100 [W] の電灯を 100 時間点灯するのに相当するエネルギーを蓄えるには，何 [A] の電流を流したらよいか？

28.3 図 28.4 のような電磁石があって，全磁路長は $l_1 + l_2 = 1$ [m]，鉄の部分の断面積は $S = 100$ [cm^2]，比透磁率は $\mu_r = 4000$（一定），コイルの巻数は $N = 2000$ 回である．両空隙長がそれぞれ $g = 0.2$ [mm] のとき，全重量 100 [kg] を吊り下げるためには，コイルに流す電流はいくら以上でなければならないか？ ただし，重力加速度 $g = 9.8$ [m/s^2] とする．

28.4 図 28.5 のように自己インダクタンスをもつコイルに電流を流しておいて，スイッチを切ったときに，どのようなことが起こると思うか？ そして，コイルに蓄えられていたエネルギーはどこへ行くと思うか？

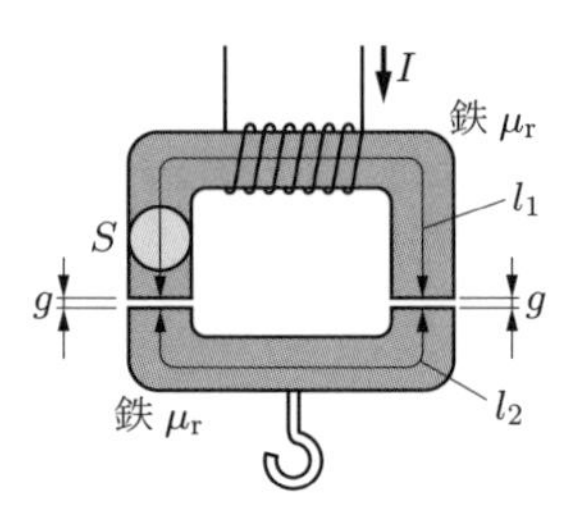

図 28.4

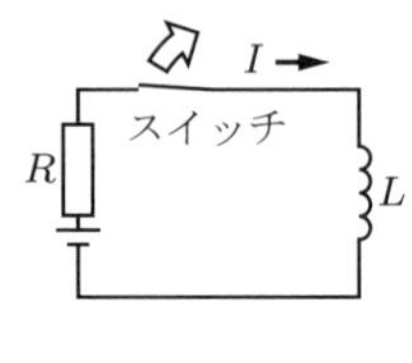

図 28.5

演習問題解答

1.1 49.0 [N]

1.2 1.96×10^{-5} [N]

1.3 5.31 [kgw]

1.4 3.06×10^{-3} [kgw]

1.5 19.6 [m/s]

1.6 1.0×10^{-5} [N]

1.7 100 [N]

1.8 1.86×10^{-44} [N]

1.9 重力の加速度を g，物体の質量を m とすれば重力は mg，物体の加速度を α とすれば $f = mg = m\alpha$ だから $\alpha = g$ で，m には無関係．

3.1 2.30×10^{-8} [N]

3.2 静電気力は万有引力の 1.23×10^{36} 倍．したがって反発力．

3.3 8.33×10^{9} 個

3.4 1.25×10^{-12} [N]　右方へ．

3.5 できる．2.22×10^{-16} [C]．

3.6 ある．電荷から $a/(1+\sqrt{2})$ の距離．

3.7 垂直上方　$\dfrac{\sqrt{2}Q^2}{4\pi\varepsilon_0 a^2}$

3.8 水平右方　$\dfrac{\sqrt{2}Q^2}{4\pi\varepsilon_0 a^2}$

4.1 3.2×10^{-15} [N]

4.2 200 [V/m]

4.3 1.44×10^{9} [V/m]

4.4 6.94×10^{8} 個

4.5 1.25×10^{4} [V/m] $\overrightarrow{Q_1Q_2}$ の延長線上右向き．

4.6 ある．Q_1 の点から $a/(1+\sqrt{2})$ の距離．

4.7 垂直上方向　$\dfrac{\sqrt{2}Q}{4\pi\varepsilon_0 a^2}$

4.8 右の電荷が負ならば，電界は水平右方向に　$\dfrac{\sqrt{2}Q}{4\pi\varepsilon_0 a^2}$

4.9 0.313 [V/m]

5.1 $r < a$ の範囲では $E = 0$

$r \geqq a$ の範囲では $E = \dfrac{Q}{4\pi\varepsilon_0 r^2}$ [V/m]

5.2 解図 1

5.3 $r = a$ のとき 9×10^{9} [V/m]，$r = 3$ [m] のとき 1×10^{9} [V/m]

5.4 $r < a$ の範囲では $E = 0$

$r \geqq a$ の範囲では $E = \dfrac{Q_0}{2\pi\varepsilon_0 r}$ [V/m]

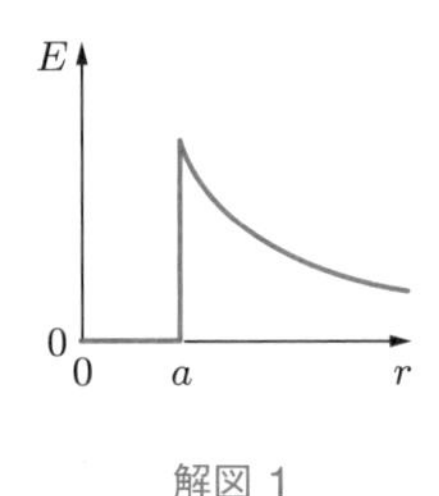

解図 1

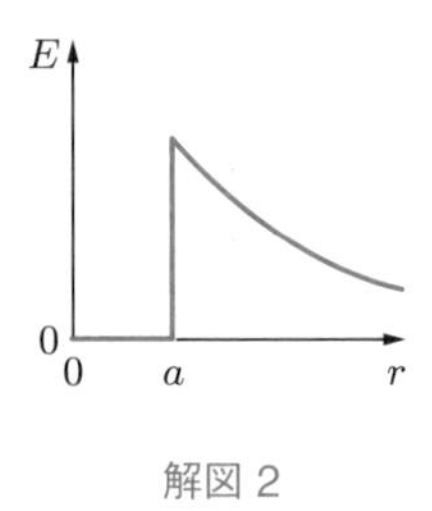

解図 2

5.5 解図 2

5.6 $r = a$ のとき 1.8×10^{10} [V/m]，$r = 3$ [m] のとき 6×10^{9} [V/m]

6.1 1.6×10^{-15} [J]

6.2 1.6×10^{-19} [J]

6.3 1.88×10^{7} [m/s]，約 1/16

6.4 50 [V]，上が高電位

6.5 5×10^{4} [V/m]

7.1 物質中で電荷を運ぶ電荷をもった粒子.

7.2 0.16 [C]

7.3 表面電荷密度 $= 7.95 \times 10^{-5}$ [C/m^2]，電界の強さ $= 8.98 \times 10^{6}$ [V/m]

7.4 54.8 [m]

7.5 8.33×10^{-5} [C]

7.6 1.77×10^{-8} [C]

7.7 1.50×10^{6} [V]

8.1 $C = 1.77 \times 10^{-11}$ [F] $= 17.7$ [pF]

8.2 1.77×10^{-4} [m] $= 0.177$ [mm]

8.3 2.7818×10^{-10} [F]

8.4 2.7819×10^{-10} [F]　　誤差 $+3.6 \times 10^{-3} = +0.0036\%$

8.5 $C = \dfrac{4\pi\varepsilon_0}{\dfrac{1}{a} - \dfrac{1}{b}}$ [F]

9.1 (a) 8 [μF]，(b) 0.0025 [μF]，(c) 1.201 [μF]

9.2 (a) 1.875 [μF]，(b) 0.0004 [μF] = 400 [pF]，(c) 0.000994 [μF] = 994 [pF]

9.3 (a) 1.6 [μF]，(b) 4.33 [μF]

10.1 5.31×10^{-11} [F] $= 53.1$ [pF]

10.2 5.31×10^{-9} [F] $= 0.00531$ [μF]

10.3 3.54×10^{-10} [F] $= 354$ [pF]

10.4 $Q = 3.54 \times 10^{-8}$ [C], $E_1 = 6.67 \times 10^{5}$ [V/m], $E_1 = 3.33 \times 10^{5}$ [V/m]

10.5 $C_0 = 1.52 \times 10^{-10}$ [F/m] $= 152$ [pF/m]

10.6 $Q_0 = 1.52 \times 10^{-7}$ [C/m], $E = 9.10 \times 10^{5}$ [V/m]

10.7 $C_0 = \dfrac{2\pi\varepsilon_0\varepsilon_r}{\ln\{nb/(na)\}} = \dfrac{2\pi\varepsilon_0\varepsilon_r}{\ln(b/a)}$ だから b/a だけで定まる．

10.8 9.10×10^6 [V/m]

10.9 5.24×10^6 [V/m]，【演習問題 10.8】の場合の 1/1.74

11.1 250 [J]

11.2 0.02 [μF]

11.3 同じ電圧の向きに接続したとき $V = \dfrac{C_1V_1 + C_2V_2}{C_1 + C_2}$

逆の電圧の向きに接続したとき $V = \dfrac{C_1V_1 - C_2V_2}{C_1 + C_2}$

11.4 $W = \dfrac{1}{2}(C_1V_1^2 + C_2V_2^2)$ [J]

$$W' = \frac{(C_1V_1 \pm C_2V_2)^2}{2(C_1 + C_2)} \text{ [J]}$$

$$W - W' = \frac{C_1C_2}{2(C_1 + C_2)}(V_1 \mp V_2)^2 > 0 \text{ [J]}$$

$\therefore W \geqq W'$ 　$V_1 = V_2$ で同方向に接続したときに $W = W'$

接続したときに大きな電流が流れ，導線中の熱となる．

11.5 $W' = 2W$，間隔を引き延ばすときに外部からした仕事が蓄えられた．

11.6 $W' = \dfrac{1}{2}C'V^2 = \dfrac{1}{2}\dfrac{C}{2}V^2 = \dfrac{1}{2}W < W$

電極を引き離すのにエネルギーが供給されたが，それ以上に放電によってエネルギーが電源に戻った．

11.7 22.1 [J/m^3]

11.8 22.1 [Pa]

11.9 2.21×10^{-2} [N]

11.10 6721 [V], 0.149 [mm]

12.1 3 [C], 1.875×10^{19} 個

12.2 3.82×10^6 [A/m^2]

12.3 7.85 [A]

12.4 1.60×10^5 [C/m^3]

12.5 6.25×10^{-4} [m/s] = 0.625 [mm/s]

12.6 3.47×10^{-2} [m^2/(Vs)]

12.7 1.8×10^{-8} [Ωm]

12.8 2.8×10^{-8} [Ωm]

13.1 5 [A]

13.2 0.25 [Ω]

13.3 5.73 [Ω]

13.4 115 [V]

13.5 1000 [W] = 1 [kW]

13.6 5 [Ω]

13.7 16.3 [Ω]

13.8 846 [℃]

14.1 $R = 50$ [Ω], $V_1 = 40$ [V], $V_2 = 60$ [V]

14.2 $R = 99$ [kΩ]

14.3 $R = 99.9$ [kΩ]

14.4　$R = 12\,[\Omega]$, $I_1 = 1.2\,[\mathrm{A}]$, $I_2 = 0.8\,[\mathrm{A}]$

14.5　$R = 0.01\,[\Omega]$

14.6　$R = 0.0100\,[\Omega]$

14.7　$R = 10\,[\Omega]$, R_1 で $500\,[\mathrm{W}]$, R_2 で $250\,[\mathrm{W}]$, R_3, R_4 で各 $125\,[\mathrm{W}]$

15.1　$V_0 = 2.2\,[\mathrm{V}]$, $R_0 = 0.1\,[\Omega]$

15.2　0.909

15.3　電流 $I = 0.157\,[\mathrm{A}]$，端子電圧 $V = 1.57\,[\mathrm{V}]$，効率 $= 0.952$

15.4　負荷抵抗 $R = 4.5\,[\Omega]$，電力 $W = 0.49\,[\mathrm{W}]$

15.5　外部抵抗 $R = 0.5\,[\Omega]$，電流 $I = 1.65\,[\mathrm{A}]$，端子電圧 $V = 0.825\,[\mathrm{V}]$，効率 $= 0.5$

16.1　$0.117\,[\mathrm{V}]$

16.2　電流 $I = 5.32\,[\mathrm{mA}]$，電力 $P = 0.566\,[\mathrm{mW}]$

16.3　$78\,[\mathrm{A}]$

17.1　磁針の N 極が吸引されるのは S 極だから，地球の北極は S 極.

17.2　解図 3

解図 3

17.3　N 極が西，S 極が東のほうに傾く.

17.4　電流を大きくすれば傾きは大きくなり，最終的に N 極はほとんど真西，S 極はほとんど真東を向く.

17.5　縮む．互いに接近して隣りあった導線の電流の方向が同じだから，互いに吸引するため.

17.6　円に近くなる．互いに向かいあった辺の電流が互いに逆方向で反発するから.

18.1　互いに吸引．$0.45\,[\mathrm{N}]$

18.2　$0.003\,[\mathrm{T}]$

18.3　電流が同じ向きに平行になろうとする偶力がはたらく.

19.1　$3.33 \times 10^{-5}\,[\mathrm{T}]$

19.2　$4.76 \times 10^{-4}\,[\mathrm{T}]$

19.3　解図 4

19.4　上方軸方向 $1.257 \times 10^{-5}\,[\mathrm{T}]$

19.5　解図 5

19.6　$4.52 \times 10^{-5}\,[\mathrm{T}]$

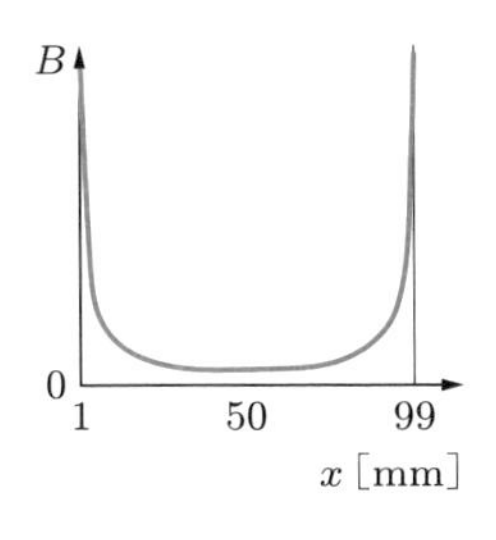

解図 4

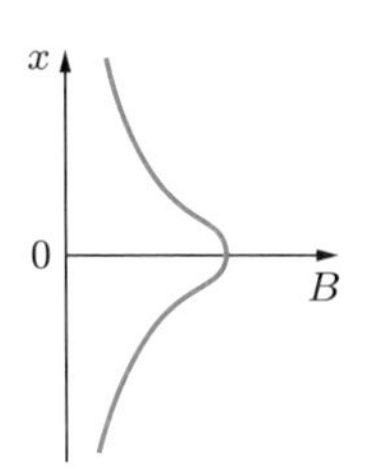

解図 5

19.7 $r < a$ では　$B = \dfrac{\mu_0 r}{2\pi a^2} I$ [T]

$a \leqq r \leqq b$　$B = \dfrac{\mu_0}{2\pi r} I$ [T]　（解図 6）

$b < r \leqq c$　$B = \dfrac{\mu_0 I}{2\pi r} \cdot \dfrac{c^2 - r^2}{c^2 - b^2}$ [T]

$c < r$　$B = 0$

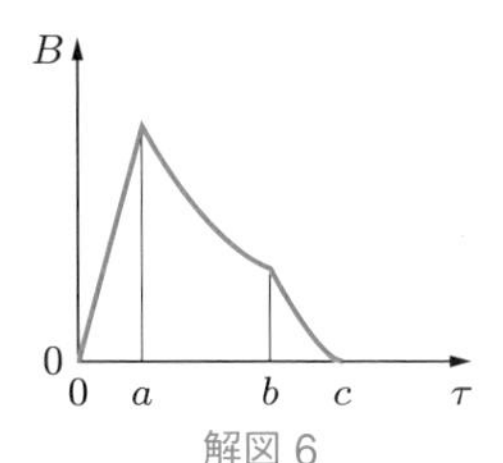

解図 6

20.1 1.30 [N]　**20.2** 1.00 [T]

20.3 0.735 [A]，図 20.11(a) で手前向き，図 (b) で左向き．

20.4 3.33×10^{-4} [Nm]　**20.5** 1.27 [T]

20.6 0.96×10^{-12} [N]，磁界と速度に直角に上方向．

20.7 0.284 [mm]　**20.8** 0.02 [T]

21.1 0.3 [V]，手前向き．　**21.2** 0.15 [A]，向こう向き．

21.3 外力 $F = 0.015$ [N]

速度を v [m/s] とすれば仕事率 $P_M = Fv = 0.045$ [W]

電力 $P_E = UI = I^2 R = 0.045$ [W] $= P_M$

21.4 196 [m/s]

22.1 1.5×10^{-3} [Wb]　**22.2** 0.8 [T]

22.3 20 [V]　**22.4** $-\omega \Phi_m \cos \omega t$ [V]

22.5 $0.0986 \sin 628t$ [V] の正弦波交流電圧

23.1 1.58×10^{-4} [H] $= 0.158$ [mH]　**23.2** 1.97×10^{-5} [H] $= 19.7$ [μH]

23.3 45° のとき 1.39×10^{-5} [H] $= 13.9$ [μH]，90° のとき 0 [H]

23.4 7.90×10^{-5} [H] $= 79.0$ [μH]　**23.5** $6.28 \sin 314t$ [V]

23.6 0.100 [H]

24.1 0.237×10^{-3} [H] $= 0.237$ [mH]

24.2 2.72×10^{-6} [H] $= 2.72$ [μH]

24.3 1.58×10^{-4} [H] $= 0.158$ [mH]

24.4 $7.54 \sin 377t$ [V] の正弦波電圧

24.5 0.2 [H]

25.1 0.474 [H]

25.2 約 7600

26.1 5.65×10^{-4} [Wb], 0.471 [T]

26.2 2.83 [H]

26.3 1.96×10^{-3} [Wb], 0.785 [T]
鉄の部分の磁気抵抗と空隙部分の磁気抵抗とは等しくなっている.

26.4 1.96 [H]

26.5 空隙のないとき 3.92 [H], 空隙長が 2 倍のとき 1.31 [H]

26.6 $L_1 = 4.02$ [H], $L_2 = 1.005$ [H], $M = 2.01$ [H], $L_1 L_2 = M^2$

27.1 (a) 小さい起磁力で大きい磁束が得られるように，比透磁率が大きいこと，すなわち磁化曲線の傾きが急なこと.
(b) 少ない鉄心で大きい磁束が得られるように，最大（飽和）磁束密度が大きいこと.
(c) ヒステリシス損が小さいように，ヒステリシスループの面積がなるべく小さいこと.
解図 7

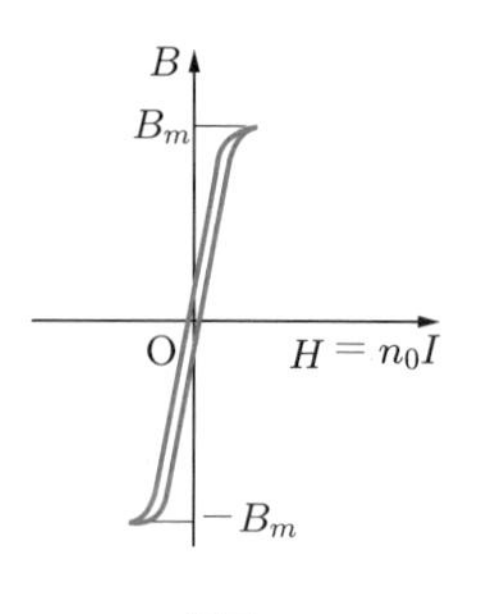

解図 7

27.2 23.9 [W]

27.3 (a) 磁石が強いように，残留磁束密度 B_r が大きいこと.
(b) 減磁されにくいように，保磁力 H_c が大きいこと.
(c) 減磁界や機械的衝撃に対して磁化の強さがなるべく変わらないように，磁化曲線の形が方形に近いこと.
解図 8

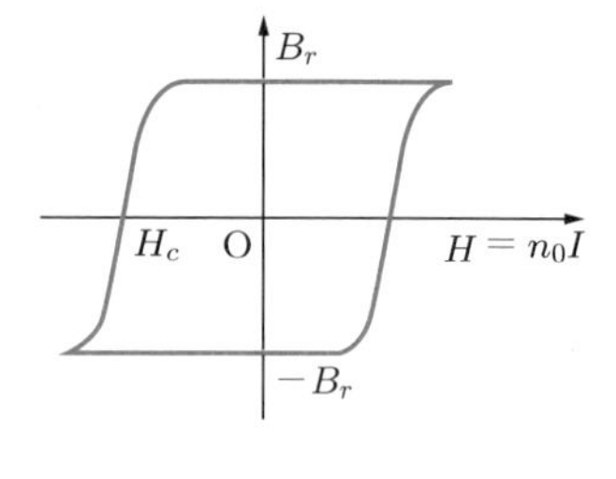

解図 8

28.1 9 [J]

28.2 849 [A]

28.3 0.0908 [A] 以上

28.4 実験をしてみなさい.

参考書

電気磁気学の教科書や学術書はきわめて多く，それらを紹介することはとてもできないので，著者の書いたものを参考にあげるだけにする．

① 西巻正郎 著「電磁気学」，189 ページ，培風館発行
大学の電気・電子工学専攻学生の基礎のためのもので，本書よりは詳しいが比較的簡潔で，少し数学的準備が必要．

② 山本勇 原著，西巻正郎 編著「基礎電気磁気学」，241 ページ，オーム社発行
大学・高専の電気・電子工学専攻学生の基礎のためのもので，工学の基礎として懇切に書かれている．数学的には①よりやさしい．

③ 西巻正郎 著「電気学」，222 ページ，森北出版発行
大学の電気・電子以外の工学専攻の学生に電気電子工学の基礎の概念を与える目的で書かれたもの．

索　引

◯た　行◯

◯な 行◯

◯は 行◯

著者略歴
西巻正郎（にしまき・まさお）（故人）
1939 年　　　　東京工業大学卒業
1939～1945 年　東京工業大学助手
1945～1955 年　東京工業大学助教授
1955～1975 年　東京工業大学教授
1975～1980 年　千葉大学教授
1980～1985 年　幾徳工業大学教授
　　　　　　　東京工業大学名誉教授，工学博士

電気磁気　新装版

1987 年 1 月 8 日　第 1 版第 1 刷発行
2022 年 2 月 10 日　第 1 版第 27 刷発行
2022 年 7 月 29 日　新装版第 1 刷発行

著者　　西巻正郎

編集担当　二宮　惇（森北出版）
編集責任　藤原祐介（森北出版）
組版　　ウルス
印刷　　丸井工文社
製本　　　同

発行者　森北博巳
発行所　森北出版株式会社
〒102–0071　東京都千代田区富士見 1–4–11
03–3265–8342（営業・宣伝マネジメント部）
https://www.morikita.co.jp/

ISBN978–4–627–73072–4

MEMO

MEMO

MEMO